高等学校理工科化学化工类规划教材

化工原理课程设计

（第四版）

主　编／王国胜

编　者／孙怀宇 王祝敏 裴世红
　　　　高　枫 范俊刚 纪智玲

HUAGONG

YUANLI

KECHENG

SHEJI

大连理工大学出版社
Dalian University of Technology Press

图书在版编目(CIP)数据

化工原理课程设计 / 王国胜主编. — 4 版. — 大连：
大连理工大学出版社，2023.7(2024.7 重印)
高等学校理工科化学化工类规划教材
ISBN 978-7-5685-4200-5

Ⅰ．①化… Ⅱ．①王… Ⅲ．①化工原理—课程设计—
高等学校—教材 Ⅳ．①TQ02-41

中国国家版本馆 CIP 数据核字(2023)第 010310 号

大连理工大学出版社出版

地址：大连市软件园路 80 号 邮政编码：116023
发行：0411-84708842 邮购：0411-84708943 传真：0411-84701466
E-mail：dutp@dutp.cn URL：https://www.dutp.cn

辽宁星海彩色印刷有限公司印刷 大连理工大学出版社发行

幅面尺寸：185mm×260mm 印张：12 字数：276 千字
2005 年 2 月第 1 版 2023 年 7 月第 4 版
2024 年 7 月第 2 次印刷

责任编辑：于建辉 王晓历 责任校对：贾如南
封面设计：张 莹

ISBN 978-7-5685-4200-5 定 价：39.80 元

前言 Preface

化工原理课程设计是化学工程与工艺专业及相关专业学生学习化工原理课程(化工原理、化工原理实验、化工原理课程设计)的三个环节之一。课程设置的主要目的:通过课程设计环节的学习,学生可掌握设计的基础知识,学会设计思想,开拓设计思路,形成设计思维。

在教学过程中往往将学生分成设计小组,指导教师布置完成设计任务书,学生要借阅十余本参考资料,在两三周内进行设计工作。本书试图抛开烦琐的参考资料的查阅,以精馏塔设计为主,附以换热器设计,从宏观上训练学生对各类精馏塔(浮阀塔、筛板塔、填料塔等)、不同物系条件下不同类精馏塔、同一物系条件下不同类精馏塔以及不同设计条件下精馏塔尺寸的变化规律等设计过程的掌握,从微观上训练学生在一个设计条件工作的同时对不同设计条件下精馏塔尺寸变化规律的求解。

本次修订,根据国家标准及行业现行标准的修订而对书中相关数据、图例进行了更新;增加了换热器设计实例,可作为换热器设计训练使用,使得本书体系更加完善。

需要说明的是,书中选取的设计样本仅仅是做一演示,设计中存在一些不当之处,更非实际设计,切勿照搬。

本书自出版以来,已被众多院校选为教材,一些教师和同学为我们的修订提出了宝贵的意见和建议,在此致以诚挚的谢意。

参加本书编写工作的有:沈阳化工大学王国胜、孙怀宇、王祝敏、裴世红、高枫、范俊刚、纪智玲。全书由王国胜统稿并定稿。

由于我们经验不足,书中难免有错误之处,恳请批评指正。您有任何意见或建议,请通过以下方式与我们联系:

编　者
2023 年 7 月

所有意见和建议请发往:dutpbk@163.com
欢迎访问高教数字化服务平台:https://www.dutp.cn/hep/
联系电话:0411-84708445　84708462

目录

Contents

第1章

绪 论

1.1 化工原理课程设计的目的、要求与内容

化工原理课程由化工原理理论、化工原理实验以及化工原理课程设计三个教学环节组成,该课程是普通高等学校化学工程与工艺专业及相关专业的专业基础课。化工原理课程设计是学生学过基础课程及化工原理理论与实验后,进一步学习化工设计的基础知识,培养化工设计能力的重要教学环节。通过该环节的实践,可使学生初步掌握化工单元操作设计的基本程序与方法,得到化工设计能力的基本锻炼。化工原理课程设计是以实际训练为主的课程,设计前,学生应在认识实习及生产实习中到工厂了解设备结构,收集设计数据,而后在教师指导下完成一定的化工设备设计任务,以达到培养设计能力的目的。

1.1.1 设计能力

(1) 决策能力

能正确评价各类化工装置或设备的优缺点,进行方案比较,从而选择合理的操作条件、设备型式和工艺流程等。

（2）计算能力

能正确获取实际操作数据和文献数据，会运用手册、规范和基础理论，正确进行化工工艺计算，并且掌握典型化工设备的设计计算方法。能运用计算机进行上述计算。

（3）结构设计与绘图能力

能根据生产实际与文献资料，设计合理的设备结构，并运用机械制图技能，使用计算机绘制出符合工程要求的化工设备图纸。

1.1.2　化工原理课程设计的基本内容

1.化工设计概论

包括设计内容及步骤和设计项目的技术经济评价基础知识。

2.化工单元设备设计

（1）方案设计（流程设计、设备型式评比与选择、操作条件确定等）；

（2）物料衡算与热量衡算；

（3）主要设备工艺计算；

（4）辅助设备的选择；

（5）主要设备结构设计与核算；

（6）其他（选作研究提高课题）。

3.制图

包括工艺流程图、主要设备工艺条件图。

4.编写设计说明书

编写设计说明书。鼓励学生使用 Auto CAD、Aspen Plus 等软件绘图与计算。

1.1.3　化工原理课程设计的设计任务要求

化工原理课程设计的设计任务要求每位学生运用计算机计算与绘图，制作设计说明书一份、图纸两张。各部分的具体要求如下：

1.设计说明书内容与顺序

（1）标题页：用粗体字写明设计题目；

（2）设计任务书；

（3）说明书目录；

（4）绪论：设计任务的意义，设计方案简介，设计结果简述；

（5）装置工艺流程图及其说明；

（6）装置的工艺计算：物料与热量衡算，主要设备尺寸计算；

（7）辅助设备的选择：机泵规格，贮槽型式与容积，换热器型式与换热面积等；

（8）设计结果一览表；

（9）结束语：对本设计的总结、收获、改进和建议等；

（10）参考文献一览；

（11）附图（带控制点的工艺流程图、主要设备工艺条件图）；

（12）主要符号说明。

说明书必须书写工整、图文清晰。说明书中所有公式必须写明编号，所有符号必须注明意义和单位。

2. 设计图纸要求

（1）流程图

本设计要求画"生产装置工艺流程图"或"单元设备物料流程图"一张，图纸的大小为 A2(594 mm×420 mm) 或 A1(841 mm×594 mm)。本图应表示出装置或单元设备中所有的设备和仪器，以线条和箭头表示物料流向。

设备以细实线画出外形并简略表示内部结构特征，大致表明各设备的相对位置。设备的位号、名称注在相应设备图形的上方或下方，或以引线引出设备编号，在专栏中注明各设备的位号、名称等。管道以粗实线表示，物料流向以箭头表示（流向习惯为从左向右）。辅助物料（如冷却水、加热蒸汽等）的管线以中实线条表示。

（2）设备图

本设计要求画主要设备工艺条件图一张，表示其结构形状、尺寸及接管口的位置（表示设备特性的尺寸，如圆筒形设备的直径、装配尺寸等）。

设备工艺条件图基本内容有：

① 视图：一般用主（正）视图、剖面图或俯视图表示设备主要结构形状；

② 尺寸：图上应注明设备直径、高度以及表示设备总体大小和规格的尺寸；

③ 技术特性表：列出设备操作压力、温度、物料名称、设备特性等；

④ 管口表：设备上所有接口（物料接管、仪表接口、人孔、手孔、液面计接管等）应编号，管口表中列出管口编号、名称、公称直径、公称压力等。

图纸要求：投影正确、布置恰当、线型规范、字迹工整。

1.2   单元过程及设备设计的基本原则与基本过程

任何工艺过程都是由不同的单元过程与单元设备按照一定的要求组合而成的一个进与出的过程,从工艺角度来说对工艺过程的每个环节与总的流程都有进口和出口,而从装备来说也必须有一个或多个进口与出口,因而,单元过程及设备设计是整个化工过程和装备设计的核心和基础,并贯穿于设计过程的始终,从这个意义上说,作为化工类及其相关专业的本科生能够熟练地掌握常用的单元过程及装备的设计过程和方法,无疑是十分重要的。

1.2.1   单元过程及设备设计的基本原则

工程设计是一项政策性很强的工作,要求工程设计人员必须严格地遵守国家的有关方针政策和法律规定以及有关的行业规范,特别是国家的工业经济法规、环境保护法规和安全法规。由于设计本身是一个多专业优化问题,对于同一个问题可能有多种解决方案,设计者需要在相互矛盾的因素中进行判断和选择,做出科学合理的决策。一般应遵守如下基本原则:

(1)技术的先进性和可靠性

工程设计工作,既是一种创造性劳动,也是一种特别需要严谨、科学的工作态度的工作,设计要求工艺技术成熟可靠,具有丰富的技术知识和实践经验,掌握先进的设计工具和手段,尽量采用当前的先进技术,提高生产装备的技术水平,使其具有较强的竞争能力。另一方面,应该实事求是,结合实际,对所采用的新技术,要进行充分的论证,以保证设计的可靠性、科学性。

(2)过程的经济性

获取最大的经济利润是生产者追求的目标,生产装备的设计者也应该以生产者较少的投资获取最大的经济利润为目标,在各种方案的分析对比过程中,其经济技术指标评价往往是最重要的决策因素之一。

(3)过程的安全性

使用或生产大量的易燃、易爆或者有毒物质是化工生产的一个基本特点,在设计过程中要充分考虑到各生产环节可能出现的各种危险,选择合适的控制方案及仪表报警方案,并选择能够采用有效措施以防止发生危险的设计方案,以确保人员的健康和人身安全。

(4)清洁生产

作为化工生产过程,不可避免地要产生废弃物,国家对各种污染物都制定了严格的排放标准,如果产生的污染物超过了规定的排放标准,则必须对其进行处理使其达标后,方可排放。这样,必然增加工程的投资和装置生产的操作费用。作为工程设计者,应该建立清洁生产的概念,要尽量采用绿色化的方案。

（5）过程的可操作性和可控制性

过程的可操作性和可控制性是化工装置设计中应该考虑的重要问题，能够稳定可靠地操作，从而满足正常的生产需要是对化工装置的基本要求。另外，还应能够适应生产负荷以及操作参数在一定范围内的波动。

1.2.2 单元过程及设备设计的基本过程

单元过程及设备设计的内容主要包括单元过程的方案和流程设计、操作参数的选择、单元设备工艺设计或选型、过程设备的机械结构设计、编制设计技术文件。单元过程和设备设计的基本过程如下：

（1）过程的方案设计

过程的方案设计就是选择合适的生产方法和确定原则流程。在方案的选择过程中，应充分体现前述的基本原则，以系统工程的观点和方法，从众多的可用方案中，筛选出最理想的原则工艺流程。单元过程的方案设计虽然是比较原则的工作，但却是最重要的基础设计工作，将对整个单元过程及设备设计起决定性的影响。该项设计应以系统整体优化的思想，从过程的全系统出发，将各个单元过程视为整个过程的子系统，进行过程合成，使全系统达到结构优化。在这样的思想指导下，选择单元过程的实施方案和原则流程。因而，在一般情况下，单元过程方案和流程设计，较强地受整个过程的结构优化的约束，甚至由全过程的结构决定。

（2）工艺流程设计

工艺流程设计的主要任务是依据单元过程的生产目的，确定单元设备的组合方式。工艺流程设计应在满足生产要求的前提下，充分利用过程的能量集成技术，提高过程的能量利用率，最大限度地降低过程的能量消耗，降低生产成本，以提高产品的市场竞争力。另外，应结合工艺过程设计出合适的控制方案，使系统能够安全稳定生产。

（3）单元过程计算

单元过程计算的主要任务是依据给定的单元过程工艺流程，进行必要的过程计算，包括进行过程的物料平衡和热量平衡计算，确定过程的操作参数和单元设备的操作参数，为单元设备的工艺设计提供设计依据。进行该项工作，常涉及单元过程参数的选择，应对单元过程进行分析使单元过程达到参数优化，同时也应进行主要单元设备的工艺设计和选型，在此基础上，进行单元过程的综合评价，不断地进行优化、选择，直至达到优化目标，实现单元过程的参数优化。

（4）单元设备的工艺设计

单元设备的工艺设计就是从满足过程工艺要求的需要出发，通过对单元设备进行工艺计算，确定单元设备的工艺尺寸，为进行单元设备的详细设计（施工图设计）或选项提供依据。此项工作也应同过程的计算结合起来，同样存在参数优化的问题，需要进行多方案对比才能选择出较为理想的方案。

（5）绘制单元过程的工艺流程图

一般情况下，化工装置的工艺流程图是按单元过程顺序安排的，单元过程的工艺流程是作为全装置流程的一部分出现在全装置流程图中，因而，单元过程工艺流程图是绘制全装置流程图的基础。

（6）工艺设计的技术文件

单元过程的工艺设计技术文件主要包括单元过程流程图、工艺流程说明及工艺计算。工艺计算应包括设备造型计算说明书及单元设备的工艺条件图。

（7）详细设计

按照工艺条件的要求，进行工程建设所需的全部施工图设计，编制出所有的技术文件。单元过程设备的机械结构设计的工作内容主要集中于工程设计的达到初步设计的深度，其设计任务是在单元设备的工艺设计完成后，依据设备的工艺要求，进行设备的初步设计。

1.3 本教材的基本内容

本教材力求设计内容精练，达到训练目的，在内容设计上兼顾流体流动（附属设备，如泵等的选择、计算）、传热（冷却器、再沸器、加热器、冷凝器等的选择、计算）与传质（精馏塔、吸收塔等的选择、计算）的一体化，重点在精馏塔设计。为了克服以往化工原理课程设计中每个设计小组或每个设计人员对设计过程与设计结果的单一性问题，即一组或一人设计结果无可比性问题，设计了同一类型精馏塔不同设计条件下设计结果汇总讨论表，以及鼓励同一设计条件下不同类型精馏塔的设计结果的比较与讨论。通过以上讨论使得设计人员了解随着设计条件的变化，塔的直径、高度等的变化规律以及同一条件不同类型精馏塔的特点，在微观上有个人设计计算及设计结果，从宏观上掌握整个设计结果与设计条件的对应变化规律，为更好地理解生产实际中各种条件以及各种类型精馏塔打下坚实的基础。

第 2 章

设计基础

2.1 　　　　**课程设计任务书**

化工原理课程设计任务书

专业_____　　　　　班级_____　　　　　设计人_____

一、设计题目

　　分离×××-×××混合液(混合气)的××精馏(吸收)塔

二、原始数据及条件

　　生产能力:年处理×××-×××混合液(混合气):××× 吨

　　　　　　　　　　　　　　　　　　　　　　　　　(开工率 300 天/年)

　　原　　料:××含量为××‰(质量百分比,下同)的常温液体(气体)

　　分离要求:塔顶××含量不低于(不高于)××‰

　　　　　　　塔底××含量不高于(不低于)××‰

　　建厂地址:×××

三、设计要求

　　(一)编制一份设计说明书,主要内容包括:

1. 前言；

2. 流程的确定和说明（附流程简图）；

3. 生产条件的确定和说明；

4. 精馏（吸收）塔的设计计算；

5. 附属设备的选型和计算；

6. 设计结果列表；

7. 设计结果的讨论和说明；

8. 注明参考和使用的设计资料；

9. 结束语。

（二）绘制一个带控制点的工艺流程图（2＃图）

（三）绘制精馏（吸收）塔的工艺条件图（坐标纸）

四、设计日期：　　年　　月　　日至　　年　　月　　日

2.1.1　设计基本要求

　　化工原理课程设计是化工原理教学的一个重要环节，是综合应用本门课程和有关先修课程所学知识，完成以某一单元操作为主的一次设计实践。通过课程设计可培养学生的独立工作能力，并使其树立正确的设计思想和实事求是、严肃负责的工作态度。

　　通过课程设计，学生应在下列几个方面得到较好的培养和训练：

　　（1）查阅资料、选用公式和搜集数据的能力。通常设计任务书给出后，有许多数据需要由设计者去搜集，有些物性参数要查取，计算公式也由设计者自行选用。

　　（2）正确选择设计参数。树立从技术上可行和经济上合理两方面考虑的工程观点，同时还须考虑到操作维修的方便和环境保护的要求，即对于课程设计不仅要求计算正确，还应从工作的角度综合考虑各种因素，从总体上得到最佳结果。

　　（3）正确、快速地进行工程计算。设计计算是一个反复试算的过程，计算的工作量很大，因此正确与快速要同时强调。

　　（4）掌握化工设计的基本程序和方法。学会用精练的语言、简洁的文字和清晰的图表表达自己的设计思想和计算结果。

　　（5）正确编写设计说明书和使用计算机绘图与模拟计算的能力。

2.1.2　设计基本内容

　　课程设计的基本内容应包括：

　　（1）设计方案简介：根据任务书提供的条件和要求，进行生产实际调研或查阅有关技术资料，在此基础上，通过分析及对比，选定适宜的流程方案和设备类型，确定原则工艺流

程。同时,对选定的流程方案和设备类型进行简要论述。

（2）主要设备的工艺设计计算:包括选定工艺参数、物料衡算、能量衡算、单元操作设备的工艺计算。

（3）设备设计:设备的结构设计和工艺尺寸的设计计算。

（4）辅助设备选型:典型辅助设备主要工艺尺寸的计算,设备规格型号的选定。

（5）带控制点的工艺流程图:将设计的工艺流程方案用带控制点的工艺流程图表示出来,绘出流程所需全部设备,标出物流方向及主要控制点、能流量。

（6）主要设备的工艺条件图:绘制主要设备的工艺条件图,图面包括设备的主要工艺尺寸、技术特性表和管口表。

（7）设计说明书的编写:设计说明书的内容应包括封面、设计任务书、目录、绪论、设计方案简介、工艺计算及主要设备设计、工艺流程图和主要设备的工艺条件图、辅助设备的计算和选型、设计结果汇总、设计评述、结束语、参考资料及主要符号说明。

整个设计由流程叙述、计算和图表三部分组成,流程叙述应该条理清晰,观点明确;计算要求方法正确,误差小于设计要求,计算公式和所用数据必须注明出处;图表应能简要表达计算的结果。完整的课程设计由说明书和图纸两部分组成。

2.2　化工生产工艺流程设计

化工生产工艺流程设计是所有化工装置设计中最先着手的工作,由浅入深、由定性到定量逐步分阶段依次进行,而且它贯穿于设计的整个过程。工艺流程设计的目的是在确定生产方法之后,以流程图的形式表示出由原料到成品的整个生产过程中物料被加工的顺序以及各股物料的流向,同时表示出生产中所采用的化学反应、化工单元操作及设备之间的联系,据此可进一步制定工艺管道及仪表流程图,它是化工过程技术经济评价的依据。按照设计阶段不同,先后有方块流程图（block flowsheet）、工艺流程草（简）图（simplified flowsheet）、工艺物料流程图（process flowsheet）、带控制点工艺流程图（process and control flowsheet）和管道仪表流程图（piping and instrument diagram）等种类。方框流程图是在工艺路线选定后,工艺流程进行概念性设计时完成的一种流程图,不编入设计文件;工艺流程草（简）图是一个半图解式的工艺流程图,它实际上是方框流程图的一种变体或深入,只带有示意的性质,供化工计算时使用,也不列入设计文件;工艺物料流程图和带控制点工艺流程图列入初步设计阶段的设计文件中;管道仪表流程图列入施工图设计阶段的设计文件中。

2.2.1 工艺流程图的绘制

工艺流程图是一种示意性图样,它以形象的图形、符号、代号表示出化工设备、管路附件和仪表自控等,用于表达生产过程中物料的流动顺序和生产操作程序,是化工工艺人员进行工艺设计的主要内容,也是进行工艺安装和指导生产的主要技术文件。不论在初步设计阶段还是在施工图设计阶段,工艺流程图都是非常重要的组成部分。

工艺流程图在不同的设计阶段提供的图样不同:

(1)可行性研究阶段:一般需提供全厂(车间、总装置)方块物料流程图和方案流程图。其中,方块物料流程图主要用于工艺及原料路线的方案比较、选择、确定;方案流程图又称为流程示意图或流程简图,主要用于工艺方案的论证和进行初步设计的基本依据。

(2)初步设计阶段:一般包括物料流程图、带控制点工艺流程图、公用工程系统平衡图。物料流程图是在全厂(车间、总装置)方块物料流程图的基础上,分别表达各车间(工段)内部工艺物料流程的图样,在工艺路线、生产能力等已定,完成物料衡算和热量衡算时绘制的,它以图形与表格相结合的形式来反映衡算的结果,主要用来进行工艺设备选型计算、工艺指标确定、管径核算以及作为确定主要原料、辅助材料、项目环境影响评价等的主要依据;带控制点工艺流程图是以物料流程图为依据,在管道和设备上画出配置的有关阀门、管件、自控仪表等有关符号的较为详细的一种工艺流程图。在初步设计阶段提供的带控制点的工艺流程图的要求较施工图阶段的内容要少一些,如辅助管线、一般阀门可以不画出。它是初步设计设备选型、管道材料估算、仪表选型估算的依据;公用工程系统平衡图是表示公用工程系统(如蒸汽、冷凝液、循环水等)在项目某一工序中的使用情况的图样。

(3)施工图设计阶段:包括带控制点的工艺流程图和辅助管道系统与蒸汽伴管系统图。带控制点工艺流程图也称工艺管道及仪表流程图(PID),它系统地反映了某个过程中所有设备、物料之间的各种联系,是设备布置和管道布置设计的依据,也是施工安装、生产操作、检修等的重要参考图。因此,带控制点工艺流程图是介绍装置情况最权威、最系统、最重要的图纸资料;辅助管道系统图是反映系统中除工艺管道以外的循环水、新鲜水、冷冻盐水、加热蒸汽及冷凝液、置换系统用气、仪表用压缩空气等辅助物料与工艺设备之间关系的管道流程图;蒸汽伴管系统图则是单指对具有特殊要求的设备、管道、仪表等进行蒸汽加热保护的蒸汽管道流程图。

鉴于课程设计的深度和时间所限,课程设计所提供工艺部分图纸仅为初步设计阶段的带控制点工艺流程图和主要设备的工艺条件图。

2.2.2 带控制点的工艺流程图

1.带控制点工艺流程图的内容

(1)图形:将各设备的简单形状展开在同一平面上,再配以连接的主辅管线及管件、阀门、仪表控制点的符号。

(2)标注:注写设备位号及名称、管段编号、控制点代号、必要的尺寸、数据等。

(3)图例:代号、符号及其他标注的说明,有时还有设备位号索引等。

(4)标题栏:注写图名、图号、设计阶段等。

2. 带控制点工艺流程图的绘制

(1)工艺流程图不按比例绘制,设备大小绘制相对成比例

流程图不按比例绘制,设备布置图按比例绘制。如设备过大或过小时,可单独适当缩小或放大。实际上,在保证图样清晰的条件下,图形可不必严格按比例画,因此,在标题栏中的"比例"一栏,不予注明。

流程图图样采用展开图形式。图形多呈长条形,因而图幅可采用标准幅面,一般采用 A1 或 A2 横幅,根据流程的复杂程度,也可采用标准幅面加长或其他规格。加长后的长度以方便阅读为宜。原则上一个主项绘一张图样,若流程复杂,可按工艺过程分段分别进行绘制,但应使用同一图号。

(2)图线与字体

工艺流程图中,工艺物料管道用粗实线,辅助物料管道用中实线,其他用细实线。图线用法及宽度见表 2-1。图纸和表格中的所有文字写成长仿宋体。

表 2-1　　　　　　　　　　　　　　图线用法及宽度

类别	图线宽度/mm			备注
	0.6～0.9	0.3～0.5	0.15～0.25	
工艺管道及仪表流程图	主物料管道	其他物料管道	其他	设备、机器轮廓线 0.25 mm
辅助管道及仪表流程图 公用系统管道及仪表流程图	用 0.3～0.5 用 0.3～0.5		其他	

(3)设备的表示方法

①设备的画法

a.图形。化工设备在流程图上一般按比例用细实线绘制,画出能够显示形状特征的主要轮廓。对于外形过大或过小的设备,可以适当缩小或放大。常用设备的图形画法已标准化,参见表 2-2。对于表中未列出的设备图形应按其实际外形和内部结构特征绘制,但在同一设计中,同类设备的外形应一致。

表 2-2　　　　工艺流程图中装备、机器图例(HG 20519.2—2009)(摘录)

类型	代号	图例
塔	T	板式塔　　　填料塔　　　喷洒塔

（续表）

类型	代号	图例
反应器	R	 固定床反应器　　　列管式反应器　　　流化床反应器
换热器	E	 换热器（简图）　　固定管板式列管换热器　　U型管式换热器 浮头式列管换热器　　套管式换热器　　　釜式换热器
工业炉	F	 圆筒炉　　　　　圆筒炉　　　　　箱式炉
容器	V	 球罐　　　锥顶罐　　圆顶锥底容器　　卧式容器 丝网除沫分离器　　旋风分离器　　干式气柜　　湿式气柜

（续表）

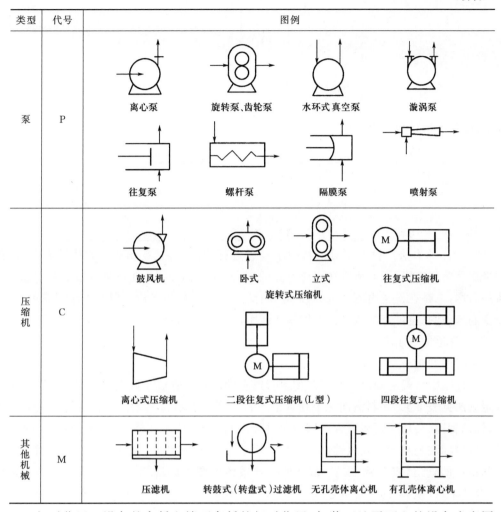

类型	代号	图例
泵	P	离心泵　旋转泵、齿轮泵　水环式真空泵　漩涡泵 往复泵　螺杆泵　隔膜泵　喷射泵
压缩机	C	鼓风机　卧式　立式　往复式压缩机 旋转式压缩机 离心式压缩机　二段往复式压缩机(L型)　四段往复式压缩机
其他机械	M	压滤机　转鼓式(转盘式)过滤机　无孔壳体离心机　有孔壳体离心机

　　b.相对位置。设备的高低和楼面高低的相对位置,如装于地平面上的设备应在同一水平线上,低于地平面的设备应画在地平线以下,对于有物料从上自流而下并与其他设备的位置有密切关系时,设备间的相对高度要尽可能地符合实际安装情况。对于有位差要求的设备还要注明其限定尺寸。设备间的横向距离应保持适当,保证图面布置匀称,图样清晰,便于标注。同时,设备的横向顺序应与主要物料管线一致,勿使管线形成过量往返。

　　c.工艺流程图中一般应绘出全部的工艺设备及附件,当流程中包含两套或两套以上相同系统(设备)时,可以只绘出一套,剩余的用细双点划线绘出矩形框表示,框内需注明设备的位号、名称,并要绘制出与其相连的一段支管。

　　②设备的标注

　　a.标注的内容。设备在图上应标注位号和名称,设备位号在整个系统内不得重复,且在所有工艺图上设备位号均需一致。位号组成如图 2-1 所示。

图 2-1　设备位号的组成

(1)设备类型代号;(2)设备所在主项的编号;

(3)主项内同类设备顺序号;(4)相同设备的数量尾号

其中,设备类型代号见表 2-3。

表 2-3　　　　　　　　　设备类型代号

设备类型	代号	设备类型	代号	设备类型	代号
塔	T	反应器	R	起重运输设备	L
泵	P	工业炉	F	计量设备	W
压缩机、风机	C	火炬、烟囱	S	其他机械	M
换热器	E	容器(槽、罐)	V	其他设备	X

b.标注的方法。设备位号应在两个地方进行标注,一是在图的上方或下方,标注的位号排列要整齐,尽可能地排在相应设备的正上方或正下方,并在设备位号线下方标注设备的名称;二是在设备内或其近旁,此处仅标注位号,不标注名称。但对于流程简单、设备较少的流程图,也可直接从设备上用细实线引出,标注设备位号。

(4)管道的表示方法

①管道的画法

流程图中一般应画出所有工艺物料管道和辅助物料管道及仪表控制线。有关的管道规定画法见表 2-4。物料流向一般在管道上画出箭头表示。工艺物料管道均用粗实线画出,辅助管道、公用工程系统管道用中实线绘出与设备(或工艺管道)相连接的一小段,并在此管段标注物料代号及该辅助管道或公用工程系统管道所在流程图的图号。对各流程图间衔接的管道,应在始(或末)端注明其连续图的图号(写在 30 mm×6 mm 的矩形框内)及所来自(或去)的设备位号或管段号(写在矩形框的上方)。仪表控制线用细实线或细虚线绘制。

表 2-4　　　工艺流程图中管道的图例(HG 20519.2—2009)(摘录)

名称	图例	备注
主料管道		粗实线
次要物料管道,辅助物料管道		中粗线
引线、设备、管件、阀门、仪表图形符号和仪表管线等		细实线
原有管道(原有设备轮廓线)		管线宽度与其相接的新管线宽度相同

绘制管线时,为使图面美观,管线应横平竖直,不用斜线。图上管道拐弯处,一般画成直角而不是圆弧形。所有管线不可横穿设备,同时,应尽力避免交叉,不能避免时,采用一线断开画法。采用这种画法时,一般规定"细让粗",当同类物料管道交叉时尽量统一做法,即全部"横让竖"或"竖让横"。

②管道的标注

a.标注内容。管道标注内容包括管道号、管径和管道等级三部分。其中前两部分为一组,其间用一短横线隔开。管道等级为另一组,组间留适当空隙。其标注内容如图 2-2 所示。

$$管道组合号:\underset{1}{\underline{XX}}-\underset{2}{\underline{XX}}\ \underset{3}{\underline{XX}}-\underset{4}{\underline{XX}}-\underset{5}{\underline{XXX}}-\underset{6}{\underline{XX}}$$

1—物料代号;2—主项编号;3—管道顺序号;

4—管道公称直径;5—管道等级;6—绝热、隔声代号

图 2-2　管道标注内容

管道:包括物料代号、主项编号、管道顺序号等。常见物料代号见表 2-5。对于物料在表中无规定的,可采用英文代号补充,但不得与规定代号相同。主项代号用两位数字 01、02…表示,应与设备位号的主项代号一致。管段序号按生产流向依次编号,采用两位数字 01、02…表示。

表 2-5　　　　　　　　　　常见物料代号

物料名称	代号	物料名称	代号	物料名称	代号	物料名称	代号
工艺气体	PG	尾气	TG	循环冷却水上水	CWS	燃料气	FG
工艺液体	PL	工艺水	PW	循环冷却水回水	CWR	天然气	NG
工艺固体	PS	气氨	AG	自来水、生活用水	DW	惰性气	IG
气液两相流工艺物料	PGL	二氧化碳	COO	软水	SW	工艺蒸气	VP
合成气	SG	中压蒸汽	MS	润滑油	LO	放空气	VT
工艺空气	PA	低压蒸汽	LS	燃料油	FO	真空排放气	VE
仪表空气	LA	蒸汽冷凝水	SC	密封油	SO	火炬放空气	FV
氨水	AW	锅炉排污	BD	化学污水	CSW	导淋	DR
液氨	AL	一次水、新鲜水	RW	生产废水	WW		
转化气	CG	锅炉给水	BW	消防水	FW		

管径:一般标注公称直径,有时也注明管径、壁厚,公制管径以 mm 为单位只注数字,不注单位,英制管径以英寸为单位,需标注英寸的符号如 in。但在标注公制管径时,必须标注外径×厚度,如 PG0801-50×2.5。

管道等级:管道按温度、压力、介质腐蚀等情况,预先设计各种不同管材规格,做出等级规定。在管道等级与材料选用表尚未实施前可暂不标注。

b.标注方法:一般情况下,横向管道标注在管道上方,竖向管道标注在管道左侧。

(5)阀门与管件的表示方法

在管道上需用细实线画出全部阀门和部分管件的符号,并标注其规格代号。管件及阀门的图例见表 2-6。管件中的一般连接件如法兰、三通、弯头及管接头等,若无特殊需要,均不予画出。竖管上的阀门在图上的高低位置应大致符合实际高度。

表 2-6　　　　常用管件和阀门符号(HG/T 20519.2—2009 摘录)

名称	图例	名称	图例	名称	图例
文氏管		截止阀		蝶阀	
放空管(帽)	(帽) (管)	闸阀		减压阀	
同心异径管		球阀		旋塞阀	
喷淋管		隔膜阀		三通旋塞阀	
四通旋塞阀		直流截止阀		喷射器	
角式弹簧安全阀		底阀		阻火器	
角式重锤安全阀		疏水阀		消声器	
节流阀		Y 形过滤器		漏斗	(敞口) (闭口)
角式截止阀		T 形过滤器		视镜、视钟	
止回阀		锥形过滤器		爆破片	

(6)仪表控制点的表示方法

工艺生产流程中的仪表及控制点以细实线在相应的管道上用符号画出。符号包括图形符号和字母代号,二者结合起来表示仪表、设备、元件、管线的名称及工业仪表所处理的被测变量和功能。

①仪表位号

a.图形符号。用一个直径约 10 mm 的细实线圆表示,并用细实线引到设备或工艺管道测量点上。仪表安装位置的图形符号见表 2-7。

表 2-7　　　　　　　表示仪表安装位置的图形符号

	现场安装	控制室安装	现场盘装		现场安装	控制室安装	现场盘装
单台常规仪表				计算机功能			
DCS				可编程逻辑控制			

b.字母代号。字母代号表示被测变量和仪表功能,第一位字母表示被测变量,后继字母表示仪表功能,被测变量和仪表功能字母代号见表 2-8。一台仪表或一个圆内,同时出现下列后继字母时,应按 I、R、C、T、Q、S、A 的顺序排列,如同时存在 I、R 时,只注 R。

| 表 2-8 | | | 表示被测变量和仪表功能的字母代号 | | | | |

字母	首位字母		后继字母功能	字母	首位字母		后继字母功能
	被测变量	修饰词			被测变量	修饰词	
A	分析		报警	L	物位		灯
B	烧嘴、火焰		供选用*	M	水分、湿度	瞬动	
C	电导率		控制	P	压力、真空		连接、测试点
D	密度	差		Q	数量	积算、累计	
E	电压(电动势)		检测元件	R	核辐射		记录、DCS 趋势记录
F	流量	比率(比值)		S	速度、频率	安全	开关、联锁
H	手动			T	温度		传送(变送)
I	电流		指示	W	重量、力		套管
J	功率	扫描		Z	位置、尺寸	Z 轴	驱动器、执行元件
K	时间、时间程序	变化速率	操作器				

注:"供选用"指此字母在本表的相应栏目处未规定其含义,可根据使用者的需要确定其含义,即该字母作为首位字母表示一种含义,而作为后继字母时则表示另一种含义,并在具体工程图例中做出规定。

②控制执行器

执行器的图形符号由调节机构(控制阀)和执行机构的图形符号组合而成。如对执行机构无要求,可省略不画。

常用的调节机构——调节阀阀体的图形符号没有调节阀,全部是手动的。

常用执行机构图形符号见表 2-9。

| 表 2-9 | | | 常用执行机构图形符号 | | | |

序号	形式	图形符号	序号	形式	图形符号
1	带弹簧的薄膜执行机构		7	电磁执行机构	
2	不带弹簧的薄膜执行机构		8	带手轮的气动薄膜执行机构	
3	电动执行机构		9	带气动阀门定位器的气动薄膜执行机构	
4	数字执行机构		10	带电气阀门定位器的气动薄膜执行机构	
5	活塞执行机构单作用	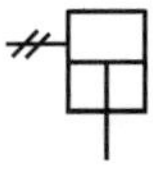	11	带人工复位装置的执行机构(以电磁执行机构为例)	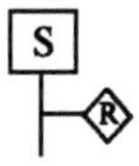
6	活塞执行机构双作用	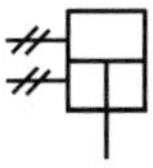	12	带远程复位装置的执行机构(以电磁执行机构为例)	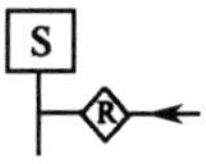

二者的组合形式示例,如图 2-3 所示。

因为课程设计所要求绘制的是初步设计阶段的带控制点工艺流程图,其表述内容比施工图设计阶段的要简单些,只对主要和关键设备进行稍详细的设计,对自控仪表方面要求也比较低,画出过程的主要控制点即可。

气开式气动薄膜调节阀　　气闭式气动薄膜调节阀

图 2-3　执行机构和阀组合图形符号示例

2.3　设备设计

2.3.1　设备工艺条件图

在设备工艺计算完成后,要填写设备的条件图表,其中包括设备简图包括主视图和俯视图、技术特性和接管尺寸。化工设备图的绘制,是由设备专业人员进行设计完成的。其设计依据就是工艺人员提供的"工艺设备条件图",该图提供了该设备的全部工艺要求,一般包含下列内容:

(1)设备简图:用单线条绘成的简图表示工艺设计所要求的设备结构形式、尺寸、所需要的管口方位见管口方位图等。

(2)技术特性指标:按条件图要求填写(不同的条件图要求的不一样)、温度、介质名称、容积、材质以及传热面积等各要求。

(3)管口表:列表注明各管口的符号、用途、公称尺寸和连接面形式等项。

设备的工艺条件图格式,目前尚无统一规定。各专业各部门按各自规定绘制。

在简图中应注明设备的主要工艺尺寸,为设备的机械设计提供依据。表2-10为一塔类条件表,表格中有几项内容说明如下:

(1)操作压力:指正常操作时的最高压或真空度。

(2)操作温度:指正常操作时相应操作压力下物料最高温度。

(3)壳体材料及腐蚀裕度:按物料特性选择适宜材料及按该材料腐蚀率考虑合适的腐蚀裕度。

(4)内件材料:按物料的特性选择塔内部构件(如填料、填料支承板、液体分布器等)材料。

(5)衬里防腐要求:根据所处理物料特性对壳体及内件提出衬里与防腐要求。

以上(3)、(4)、(5)项可参阅《化工工艺设计手册》下册第十五章材料与材料耐腐蚀性能。

(6)物料名称:填写该塔所处理的介质名称。

(7)气量:根据物料衡算计算每小时所需处理的气量。

(8)气体密度:填写在操作温度与操作压力下物料的气相密度。

(9)液体密度:填写在操作温度与操作压力下物料的液相密度。

(10)液体喷洒量:经工艺设备计算所需喷洒液体量。

(11)填料容积:经工艺设备计算所选用该类型填料的总体积(m^3)。

(12)填料密度:按选用填料型式填写该填料的密度。

(13)填料规格:按工艺设备计算选择在经济气速下,该类型填料的商品规格。

(14)填料排列方式:按工艺操作要求选择填料排列方式,如乱堆或整砌。

(15)气液分离要求:按工艺操作要求考虑是否需要设置气液分离内件,并填写设置何种型式的气液分离内件,如丝网除雾器、挡板除雾器等。

(16)液体出口防涡流要求:根据操作要求填写要与否。

(17)安全装置起跳或爆破压力:当介质为易燃易爆物料时,应设置一定的安全措施。如设置安全阀时应提出安全阀起跳压力,设置爆破膜时,应提出膜爆破压力。

表 2-10　　　　　　　　　　　　　　塔类条件表

××化工学院	设备名称		工程号		塔类条件表				编制		设计阶段	
	设备位号		主项号						校核		编　号	
									审核		第　张	
1	操作压力(MPa)				位号			设备名称			简　图	
2	操作温度(℃)				塔型			内径×高(m)				
3	壳体材料及腐蚀裕度(mm)(推荐)				管　口　表							
4	内件材料(推荐)				序号	$D_g \times p_g$ (mm×MPa)		法兰标准	连接面	用途		
5	衬里防腐要求											
6	物料名称											
7	气量(标 m³/h)											
8	气体密度											
9	液体密度											
10	液体喷洒量											
11	填料容积											
12	填料密度											
13	填料规格											
14	填料排列方式											
15	气液分离要求											
16	塔板数/板间距											
17	筛板孔径、个数、间距											
18	浮阀(泡罩)规格、个数、间距											
19	溢流程数											
20	溢流堰高度(可调、固定)				说明:包括物性、平台、梯子及特殊要求等							
21	降液管规格											
22	降液管与塔板间距(mm)											
23	液体出口防涡流要求											
24	要求裙座高度				29	地震烈度						
25	安全装置起跳或爆破压力(MPa)				30	场地类别						
26	保温材料及厚度				31	塔釜液柱高度(m)						
27	安装环境及生产类别				32	塔基础高(m)						
28	10 m 处基本风压				33	静电接地						

(18)保温材料及厚度:填写按工艺条件所选用保温材料名称,并按选用材料特性提出经计算完整商品规格的厚度。该项内容可参阅《化工工艺设计手册》下册第六章管道及设备保温。

(19)安装环境及生产类别:按设备安装在户内或户外、腐蚀、潮湿等情况填写。按生产所使用的介质性质参照建筑设计防火规范 GB 50016—2014 确定生产类别,一般分为五类,即甲、乙、丙、丁、戊。也可在《化工工艺设计手册》上册第一章化工设计常用规范中查到。

(20)要求裙座高度:需考虑塔釜的几何安装高度,热虹吸式再沸器的吸入压头,自然流出口所需的位头与管道控制仪表的压头损失。

(21)10 m 处基本风压:当塔类设备布置在室外时,需根据当地气象资料提供 10 m 处基本风压。此项内容可在《化工设备设计手册》中查到。如:沈阳市 10 m 处基本风压为 450 Pa。

2.3.2　装配图

一台化工设备的装配图一般应包括下列内容:

(1)视图:根据设备复杂程度,采用一组视图,从不同的方向清楚表示设备的主要结构形状和零部件之间的装配关系。视图采用正投影方法,按国家标准《机械制图》的要求绘制。视图是图样的主要内容。

(2)尺寸:图上应注写必要的尺寸,作为设备制造、装配、安装检验的依据。这些尺寸主要有表示设备总体大小的总体尺寸,表示规格大小的特性尺寸,表示零部件之间装配关系的装配尺寸,表示设备与外界安装关系的安装尺寸。注写这些尺寸时,除数据本身要绝对正确外,标注的位置、方向等都应严格按规定来处理。如尺寸线应尽量安排在视图的右侧和下方,数字在尺寸线的左侧或上方。不允许注封闭尺寸,参考尺寸和外形尺寸例外。尺寸标注的基准面一般从设计要求的结构基准面开始,并应考虑所注尺寸便于检查。

(3)零部件编号及明细表:将视图上组成该设备的所有零部件依次用数字编号。并按编号顺序在明细栏(在主标题栏上方)中从下向上逐一填写每一个编号的零部件的名称、规格、材料、数量、质量及有关图号或标准号等内容。

(4)管口符号及管口表:设备上所有管口均需用英文小写字母依次在主视图和管口方位图上对应注明符号。并在管口表中从上向下逐一填写每一个管口的尺寸、连接尺寸及标准、连接面形式、用途或名称等内容。

(5)技术特性表:用表格形式表达设备的制造检验主要数据。

(6)技术要求:用文字形式说明图样中不能表示出来的要求。

(7)标题栏:位于图样右下角,用以填写设备名称、主要规格、制图比例、设计单位、设计阶段、图样编号以及设计、制图、校审等有关责任人签字等项内容。

化工设备装配图绘制方法和步骤大致如下:

(1)选定视图表达方案、绘图比例和图面安排;

(2)绘制视图底稿;

(3)标注尺寸和焊缝代号;

(4)编排零部件件号和管口符号;

(5)填写明细栏、管口表、制造、检验主要数据表;

(6)编写图面技术要求、标题栏;

(7)全面校核、审定后,画剖面线后描重;

(8)编制零部件图。

以上是一般绘图步骤,有时每步之间相互穿插。

2.4　化工设备设计的最优化

化工设备设计中,某些设计参数,如设备直径、高度、操作条件(温度、压力、流量、组成、搅拌速度等)对其生产效果,如产量、质量、消耗、操作费用等有重大影响。设计人员应寻求这些参数的最佳值,以获得最好的生产效果,这就是设计的最优化。

最优化已发展为一门重要的学科。根据课程需要,仅介绍最基本的最优化概念,更深入的内容见后续课《化工最优化方法》及其他专著。

解决最优化问题通常的步骤是:

(1)确定优化目标

首先要选择适当范围的优化对象,如某单元过程或设备,然后明确优化目标。目标可以是提高产量、质量,降低消耗,或是减少投资和运行费用,降低成本等。

(2)建立优化目标与其影响因素(自变量)之间的数学模型

现以精馏设备最优化回流比确定为例。

精馏加工的费用决定于其生产消耗和基建投资折旧费。运行中的消耗有加热蒸汽和冷却水的费用。基建投资包括精馏塔、冷凝器、再沸器的基建费用,它决定于这些设备的总重。我们知道,汽、水用量和设备质量都和回流比有关(与回流比无关的人工费等暂不考虑)。

基建投资折旧费:　$E_1 = (W_塔 C_{u塔} + W_冷 C_{u冷} + W_沸 C_{u沸}) \times$ 折旧率

折旧率一般取 10%。

操作动力费用:　　$C = (R+1)Da_1 C_{u汽} + (R+1)Da_2 C_{u水}$

精馏加工费用:　　　　　　$S = E_1 + C$

式中　　W——设备质量,t;

　　　　C_u——设备、物料单价,元/t;

　　　　R——回流比;

　　　　D——馏出液量,kg/h;

　　　　a_1, a_2——计算系数。

精馏塔直径、高度、质量,冷凝器、再沸器传热面积、质量都是 R 的函数,可按化工原理课程中所述方法计算,最后可归纳为

$$S = f(R)$$

这就是精馏加工费用和回流比的数学模型。这是个单自变量的问题。还有多自变量问题,即

$$S = f^1(x_1, x_2, \cdots, x_n)$$

其中，$x_1,x_2,\cdots,x_n$ 为影响 S 的若干自变量。

除以上关系之外，各变量之间有时还受某种函数关系的约束，例如，各组分组成之和为 100%，汽液平衡体系中温度、压力、组成必须遵从一定的关系等，所以数学模型又可分为有约束问题与无约束问题两类。

总之，用化工基本规律和技术经济指标可以针对某一优化目标，建立最优化的基础——数学模型。

（3）求解数学模型

即用数学方法（最优化方法）计算出使优化目标达极小（或极大）值的自变量值，即最优参数值。如数学模型具有较简单的函数关系，可用解析法（即求得目标函数的导数，令该导数为零，然后求得自变量值）。在许多情况下优化数学模型较复杂，有时甚至不能得出明确的数学模型，为此又发展了一系列的方法，关于这些方法，可参看有关教材和专著。

2.5　计算机在化工设计中的应用

随着计算机的发展，化工设备中包括方案构思、比较与选择，工程计算与优化，图纸的绘制与说明，施工计划，成本核算和技术经济评价等一系列工作，都可以靠计算机及其配套设施来完成，这就是计算机辅助设计（Computer Aided Design,CAD）。CAD 是计算机硬件与软件的综合，它提供给设计者进行基础设计、详细设计、修改设计以及储存、调用设计资料的各种手段。

典型的 CAD 硬件系统包括中央处理机（计算机）、磁盘机、绘图终端、输出系统（打印机、绘图机等）、数值化仪、鼠标器以及其他图形输入装置等。

无论工程设计、计算还是绘图都离不开软件，CAD 软件可分 3 类：

1.工艺设计软件

目前国内外已开发的软件很多，有粗略快速的物料、热量衡算软件，也有完全的工艺过程模拟和设计系统。

通用过程模拟软件：它可以模拟各种化工生产装置或整个化工厂的工艺过程，包括多种化合物的物性数据库、热力学方法和物性计算关联式，各种化工单元过程模块，循环物流收敛方法与监控、调度和其他辅助运算部分，有的还有工程概算和技术经济评价模块。目前我国已引进的有 ASPEN,PROCESS 等系统。

专用过程软件：它针对特定的单一工艺过程或单项工程而编制。

2.绘图软件

一般绘图系统中生产厂家都提供专用的绘图程序和命令，对某些专业还有各种图形库,供设计者直接调用。

在化工设计中,计算机辅助设计绘图不但可以画工艺流程图、设备总装图、零件图,还可画设备布置图、工艺管线配管图,甚至可以画设备管线的三维图像和任一角度的投影。画图快速,图形工整、清晰,线条尺寸误差在 0.3 mm 以内。

3. 智能 CAD 与专家系统

CAD 不但能代替设计者的手工计算和绘图,而且计算速度快,精确度高,图纸质量好,代替了大量人工劳动,能够完成人工所不能达到的复杂运算,而且某些软件能"辅导"一般设计人员进行分析、判断、决策,这就是智能 CAD。

专家系统是将设计专家的知识、经验加以分类,形成规则(软件),存入计算机,因此可以用计算机模拟设计专家的推理、判断、决策过程来解决设计问题。

目前,CAD 在化工设计中的应用日趋广泛,计算机绘图的应用也日益普遍,这就要求设计者了解计算机原理、计算机语言、程序设计方法和技巧,并熟悉有关机种和软件的使用方法。

由于本设计课程的任务主要是对化学工程与工艺及相关专业学生进行化工单元过程及设备的设计训练,因此,除了要求学生了解计算机在化工设计中应用的一般情况外,还要求在工艺计算及设备计算中,熟练使用 Auto CAD、Aspen Plus 等软件绘图与计算。

第 3 章

物性数据

纯物质的物性数据

3.1.1 基础物性数据

基础物性数据见表 3-1。

表 3-1   基础物性数据表

| 名称 | 分子式 | 相对分子质量 | 熔点/K | 沸点/K | 临界性质 | | | | 偏心因子 ω |
					T_c/K	p_c/atm	V_c/(cm³/mol)	Z_c	
甲醇	CH_3OH	32.04	175.5	337.8	512.6	8.096	118	0.224	0.559
乙醇	CH_3CH_2OH	46.069	159.1	351.5	516.2	6.383	6.383	0.248	0.635
苯	C_6H_6	78.11	278.7	353.3	562.1	4.894	259	0.271	0.212
甲苯	$C_6H_5CH_3$	92.14	178	383.8	591.7	4.114	316	0.264	0.257
氯苯	C_6H_5Cl	112.56	227.6	404.9	632.4	4.519	308	0.265	0.249
氯乙烯	$CH_2{=}CHCl$	62.49	119.4	259.8	298.8	29.7	429.7	65	0.122
1,1-二氯乙烷	$C_2H_4Cl_2$	98.96	176.2	330.4	523	50	240	0.28	0.248
1,2-二氯乙烷	$C_2H_4Cl_2$	98.96	237.5	356.6	561	5.37	220	0.25	0.286
3-氯丙烯	C_3H_5Cl	76.526	138.7	318.3	514	4.761	234	0.26	0.13
1,2-二氯丙烷	$CH_3CHClCH_2Cl$	112.99	172.7	369.5	577	4.457	226	0.21	0.24
二硫化碳	CS_2	76.13	161.3	319.4	552	7.903	170	0.293	0.115
四氯化碳	CCl_4	153.82	250	349.7	349.7	4.560	276	0.272	0.194
丙酮	CH_3COCH_3	58.08	178.2	329.4	508.1	4.701	209	0.232	0.309

注:1 atm = 1.013×10^5 Pa

3.1.2　定压热容

相关液体的定压热容可由图 3-1 查得。图中标号见表 3-2。

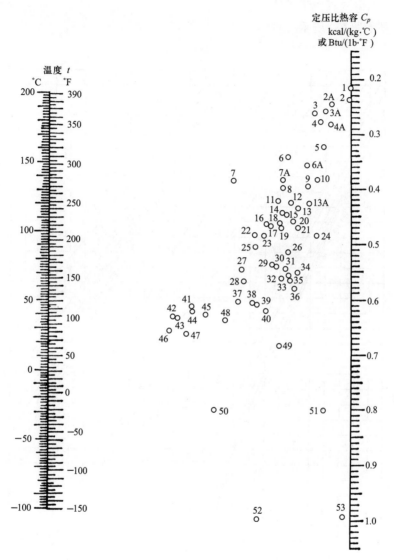

$[1\ \text{kcal}/(\text{kg}\cdot\text{℃}) = 4.18\ \text{kJ}/(\text{kg}\cdot\text{℃})]$

图 3-1　液体的定压热容(图中标号见表 3-2)

表 3-2　　　　　　　　　　　　　　图 3-1 中的标号

名称	标号	温度范围 /℃	名称	标号	温度范围 /℃
甲醇	40	−40～20	二氯乙烷	6A	−31～60
乙醇	42	30～80	二硫化碳	2	−100～25
苯	23	10～80	四氯化碳	3	10～60
甲苯	23	0～60	丙酮	32	20～50
氯苯	8	0～100			

3.1.3　热　焓

1. 苯的焓图

苯的焓图如图 3-2 所示。

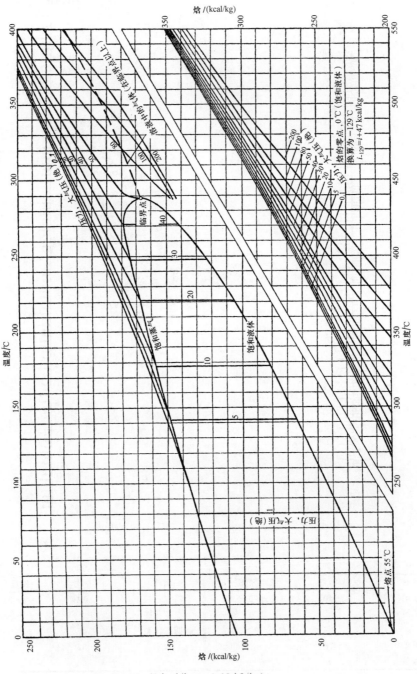

(1 kcal/kg = 4.18 kJ/kg)

图 3-2　苯的焓图

2.甲苯的焓图

甲苯的焓图如图 3-3 所示。

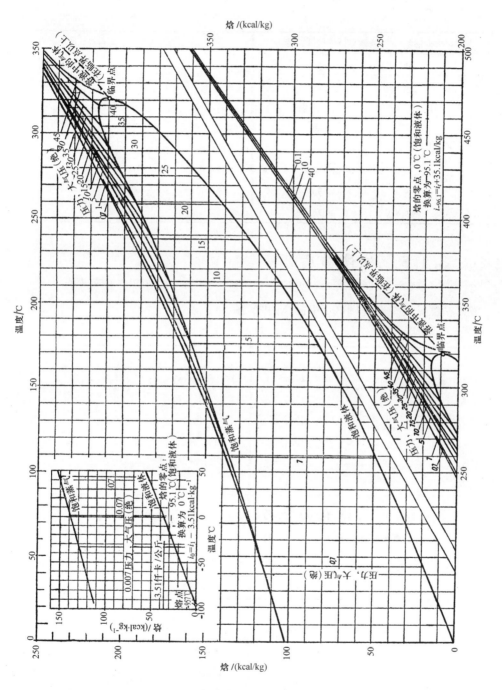

(1 kcal/kg = 4.18 kJ/kg)

图 3-3　甲苯的焓图

3.1.4 蒸发潜热及液体密度

蒸发潜热及液体密度见表3-3。

表 3-3　　　　　　　　　　　　蒸发潜热、液体密度表

名称	蒸发潜热(正常沸点)	液体密度 ρ_1	温度 T_1	名称	蒸发潜热(正常沸点)	液体密度 ρ_1	温度 T_1
	cal/mol	g/cm³	K		cal/mol	g/cm³	K
甲醇	8 426	0.425	111.7	1,2-二氯乙烷	7 650	1.250	289
乙醇	9 260	0.789	293	3-氯丙烯	6 475	0.937	293
苯	7 352	0.885	289	1,2-二氯丙烷	7 500	1.15	293
甲苯	7 930	0.867	293	二硫化碳	6 390	1.293	273
氯苯	8 735	1.106	293	四氯化碳	7 170	1.584	298
氯乙烯	4 930	0.969	259	丙酮	6 960	0.790	293
1,1-二氯乙烷	6 860	1.168	298				

注:1 cal/mol = 4.18 J/mol

3.1.5 液体黏度

液体粘度见表3-4,即图 3-4 中的 X 和 Y 值。

表 3-4　　　　　　　　　　　　图 3-4 中的 X 和 Y 值

名称	X	Y	名称	X	Y
甲醇	12.4	10.5	1,1-二氯乙烷	14.1	8.7
乙醇	10.5	13.8	1,2-二氯乙烷	12.7	12.2
苯	12.5	10.9	二硫化碳	16.1	7.5
甲苯	13.7	10.4	四氯化碳	12.7	13.1
氯苯	12.3	12.4	丙酮	14.5	7.2
氯乙烯	12.7	12.2			

3.1.6 液体表面张力

液体表面张力见表3-5,即图 3-5 中的 X 和 Y 值。

表 3-5　　　　　　　　　　　　图 3-5 中的 X 和 Y 值

名称	X	Y	名称	X	Y
甲醇	17	93	二氯乙烷	32	120
乙醇	10	97	二硫化碳	35.8	117.2
苯	30	110	四氯化碳	26	104.5
甲苯	24	113	丙酮	28	91
氯苯	23.5	132.5			

液体黏度如图 3-4 所示。

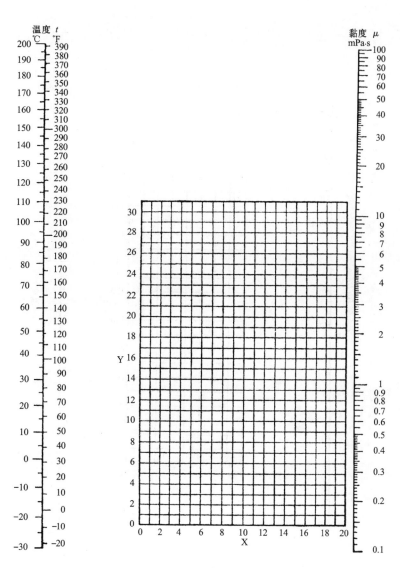

图 3-4 液体黏度图(1.013×10⁵ Pa,图中 X 和 Y 见表 3-4)

有机液体的表面张力如图 3-5 所示。

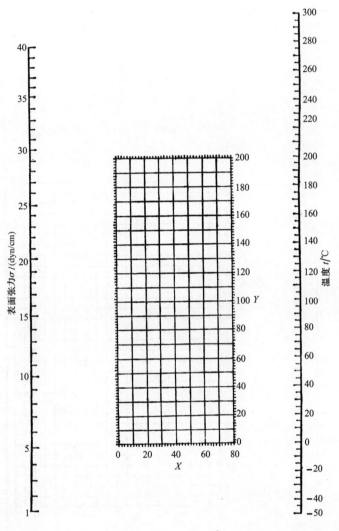

（1 dyn/cm = 12 960 kg/h^2）

图 3-5　有机液体的表面张力图

3.1.7 液体的导热系数

导热系数又称热导率,液体的导热系数如图 3-6 所示。

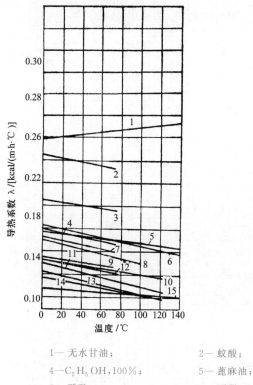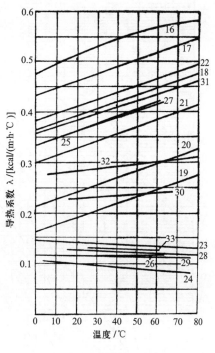

1— 无水甘油;	2— 蚁酸;	3—CH_3OH,100%;
4—C_2H_5OH,100%;	5— 蓖麻油;	6— 苯胺;
7— 醋酸;	8— 丙酮;	9—C_4H_9OH;
10— 硝基苯;	11— 异丙烷;	12— 苯;
13— 甲苯;	14— 二甲苯;	15— 凡士林油;
16— 水;	17—$CaCl_2$,25%;	18—NaCl,25%;
19— 乙醇,80%;	20— 乙醇,60%;	21— 乙醇,40%;
22— 乙醇,20%;	23—CS_2;	24—CCl_4;
25— 甘油,50%;	26— 戊烷;	27—HCl,30%;
28— 煤油;	29— 乙醚;	30— 硫酸,98%;
31— 氨,26%;	32— 甲醇,40%;	33— 辛烷

$$[1\ kcal/(m \cdot h \cdot ℃) = 4.18\ kJ/(m \cdot h \cdot ℃)]$$

图 3-6 液体的导热系数图

3.1.8 液体的饱和蒸气压

1. 醇、醛、酮、醚类蒸气压图

醇、醛、酮、醚类蒸气压图如图 3-7 所示。

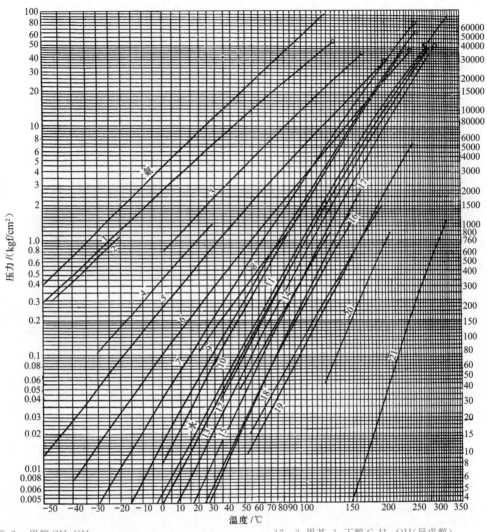

醇:7— 甲醇 CH₃OH

9— 乙醇 C₂H₅OH

11—1- 丙醇 C₃H₇OH

10—2- 丙醇 C₃H₇OH(异丙醇)

15—1- 丁醇 C₄H₉OH

14—2- 戊醇 C₅H₁₁OH(仲戊醇)

20—1,2- 乙二醇(CH₂OH)₂

21—1,2,3- 丙三醇 C₃H₈O₃(甘油)

13—2- 甲基 -1- 丙醇 -2-C₄H₉OH(异丁醇)

10—2- 甲基 -2- 丙醇 C₄H₉OH(叔丁醇)

12—2- 丁醇 C₄H₉OH(仲丁醇)

16—1- 戊醇 C₅H₁₁OH(正戊醇)

17—3- 甲基 -1- 丁醇 C₅H₁₁OH(异戊醇)

11—3- 丙烯醇 C₂H₅OH(烯丙醇)

18— 环己醇 C₆H₁₁OH

醛:2— 甲醛 HCHO

4— 乙醛 CH₃CHO

19— 糠醛 C₅H₄O₂

酮:6— 丙酮(CH₃)₂CO

8— 丁酮(CH₃)₂CH₂CO(甲乙酮)

醚:1— 二甲醚(CH₃)₂O

3— 甲乙醚 CH₃OC₂H₅

5— 二乙醚(C₂H₅)₂O

(1 kgf/cm² = 98 kPa, 1 mmHg = 133 Pa)

图 3-7　醇、醛、酮、醚类蒸气压图

2.芳香烃、酚类蒸气压图(图 3-8)

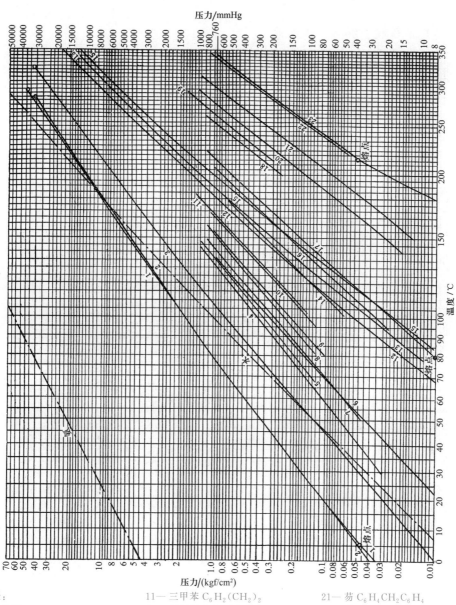

芳香烃：
1— 苯 C_6H_6
3— 甲苯 C_7H_8
7— 邻二甲苯 $C_6H_4(CH_3)_2$
6— 间二甲苯 $C_6H_4(CH_3)_2$
5— 对二甲苯 $C_6H_4(CH_3)_2$
5— 乙苯 $C_6H_5CH_2CH_3$
0— 丙苯 $C_6H_5(CH_2)_2CH_2$
8— 异丙苯 $C_6H_5(CH_2)_2CH_3$

11— 三甲苯 $C_6H_2(CH_2)_2$
10— 异丁苯 $C_6H_5(CH_2)_3CH_3$
18—$(C_6H_5)_2$
19— 二苯甲烷 $CH_2(C_6H_5)_2$

稠合芳香烃：
17— 萘 $C_{10}H_8$
16— 四氢化萘 $C_{10}H_{12}$
14— 顺式＋氢化萘 $C_{10}H_{18}$
20— 苊 $C_{10}H_6(CH_2)_2$

21— 芴 $C_6H_4CH_2C_6H_4$
23— 蒽 $(C_6H_4CH)_2$
22— 菲 $C_{14}H_{10}$

酚、环烷烃：
12— 酚 C_6H_5OH
13— 邻甲酚 $C_6H_4OHCH_3$
15— 间甲酚，对甲酚 $C_6H_4OHCH_3$
2— 环己烷 C_6H_{12}

$(1\ kgf/cm^2 = 98\ kPa，1\ mmHg = 133\ Pa)$

图 3-8　芳香烃、酚类蒸气压图

3.芳香烃卤素和氮化合物蒸气压图(图 3-9)

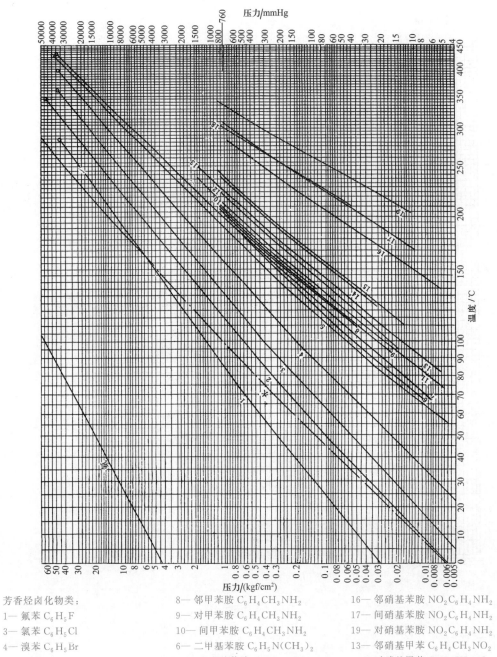

芳香烃卤化物类：
1— 氟苯 C_6H_5F
3— 氯苯 C_6H_5Cl
4— 溴苯 C_6H_5Br

芳香烃胺类：
2— 吡啶 C_5H_5N
5— 苯胺 $C_6H_5NH_2$
7— 苯甲胺 $C_6H_5NHCH_2$

8— 邻甲苯胺 $C_6H_4CH_3NH_2$
9— 对甲苯胺 $C_6H_4CH_3NH_2$
10— 间甲苯胺 $C_6H_4CH_3NH_2$
6— 二甲基苯胺 $C_6H_5N(CH_3)_2$
12— 二乙基苯胺 $C_6H_5N(C_2H_5)_2$
18— 二苯胺 $(C_6H_5)_2NH$

芳香烃硝基物类：
11— 硝基苯 $C_6H_5NO_2$

16— 邻硝基苯胺 $NO_2C_6H_4NH_2$
17— 间硝基苯胺 $NO_2C_6H_4NH_2$
19— 对硝基苯胺 $NO_2C_6H_4NH_2$
13— 邻硝基甲苯 $C_6H_4CH_3NO_2$
15— 对硝基甲苯 $C_6H_4CH_3NO_2$
14— 间硝基甲苯 $C_6H_4CH_3NO_2$

$(1 \text{ kgf/cm}^2 = 98 \text{ kPa}, 1 \text{ mmHg} = 133 \text{ Pa})$

图 3-9 芳香烃卤素和氮化合物蒸气压图

4. 卤代烃蒸气压图（图 3-10）

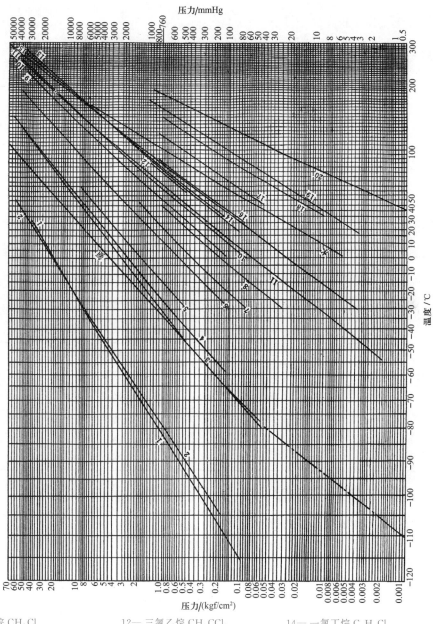

4— 氯甲烷 CH_3Cl
8— 二氯甲烷 CH_2Cl_2
11— 三氯甲烷 $CHCl_3$（氯仿）
13— 四氯化碳 CCl_4
6— 氯乙烷 C_2H_5Cl
10—1,1-二氯乙烷 $C_2H_4Cl_2$
15—1,2-二氯乙烷 $C_2H_4Cl_2$

12— 三氯乙烷 CH_3CCl_2
16— 三氯乙烯 CCl_2CHCl
18— 四氯乙烯, 对称 $(CHCl_2)_2$
17— 四氯乙烯 C_2Cl_4
19— 五氯乙烷 CCl_2CHCl_2
20— 六氯乙烷 C_2Cl_6
9— 氯丙烷 C_3H_7Cl

14— 一氯丁烷 C_4H_9Cl
5— 氯乙烯 CH_2CHCl
2— 一氟甲烷 CH_3F（氟代甲烷）
7— 一氟三氯甲烷 $CFCl_2$（氟利昂 11）
3— 二氟二氯甲烷 CF_2Cl_2（氟利昂 -12）
1— 三氟一氯甲烷 CF_3Cl（氟利昂 -13）

$(1 \text{ kgf/cm}^2 = 98 \text{ kPa}, 1 \text{ mmHg} = 133 \text{ Pa})$

图 3-10　卤代烃蒸气压图

3.1.9　二组分气液平衡组成与温度(或压力)关系

1. 乙醇 - 水(101.3 kPa)

乙醇 - 水气液平衡组成与温度关系见表3-6。

表3-6　　　　　　　　乙醇 - 水气液平衡组成与温度关系

乙醇 /%(摩尔分数)		温度 /℃	乙醇 /%(摩尔分数)		温度 /℃	乙醇 /%(摩尔分数)		温度 /℃
液相	气相		液相	气相		液相	气相	
0	0	100	23.37	54.45	82.7	57.32	68.41	79.3
1.90	17.00	95.5	26.08	55.80	82.3	67.63	73.85	78.74
7.21	38.91	89.0	32.73	58.26	81.5	74.72	78.15	78.41
9.66	43.75	86.7	39.65	61.22	80.7	89.43	89.43	78.15
12.38	47.04	85.3	50.79	65.64	79.8			
16.61	50.89	84.1	51.98	65.99	79.7			

2. 苯 - 甲苯(101.3 kPa)

苯 - 甲苯气液平衡组成与温度关系见表3-7。

表3-7　　　　　　　　苯 - 甲苯气液平衡组成与温度关系

苯 /%(摩尔分数)		温度 /℃	苯 /%(摩尔分数)		温度 /℃	苯 /%(摩尔分数)		温度 /℃
液相	气相		液相	气相		液相	气相	
0	0	110.6	39.7	61.8	95.2	80.3	91.4	84.4
8.8	21.2	106.1	48.9	71.0	92.1	90.3	95.7	82.3
20.0	37.0	102.2	59.2	78.9	89.4	95.0	97.9	81.2
30.0	50.0	98.6	70.0	85.3	86.8	100.0	100.0	80.2

3. 二硫化碳(CS_2) - 四氯化碳(CCl_4)(101.3 kPa)

CS_2-CCl_4 气液平衡组成与温度关系见表3-8。

表3-8　　　　　　　　CS_2-CCl_4 气液平衡组成与温度关系

CS_2 /%(摩尔分数)		温度 /℃	CS_2 /%(摩尔分数)		温度 /℃	CS_2 /%(摩尔分数)		温度 /℃
液相	气相		液相	气相		液相	气相	
0	0	76.7	0.1435	0.3325	68.6	0.6630	0.8290	52.3
0.0296	0.0823	74.9	0.2585	0.4950	63.8	0.7574	0.8780	54.4
0.0615	0.1555	73.1	0.3908	0.6340	59.2	0.8604	0.9320	48.5
0.1106	0.2660	70.3	0.5318	0.7470	55.3	1.000	1.000	46.3

4. 丙酮 - 水(101.3 kPa)

丙酮 - 水气液平衡组成与温度关系见表3-9。

表 3-9   丙酮 - 水气液平衡组成与温度关系

丙酮 /%（摩尔分数）		温度 /℃	丙酮 /%（摩尔分数）		温度 /℃	丙酮 /%（摩尔分数）		温度 /℃
液相	气相		液相	气相		液相	气相	
0	0	100.0	0.20	0.815	62.1	0.80	0.898	58.2
0.01	0.253	92.7	0.30	0.830	61.0	0.90	0.935	57.5
0.02	0.425	86.5	0.40	0.839	60.4	0.95	0.963	57.0
0.05	0.624	75.8	0.50	0.849	60.0	1.0	1.0	56.13
0.10	0.755	66.5	0.60	0.859	59.7			
0.15	0.798	63.4	0.70	0.874	59.0			

5. 甲醇 - 水

甲醇 - 水气液平衡组成与温度、压力关系见表 3-10。

表 3-10   甲醇 - 水气液平衡组成与温度、压力关系

甲醇 /%（摩尔分数）		温度 ℃	压力 mmHg	甲醇 /%（摩尔分数）		温度 ℃	压力 mmHg	甲醇 /%（摩尔分数）		温度 ℃	压力 mmHg
液相	气相			液相	气相			液相	气相		
15.23	61.64		103.4	5.31	28.34	92.9	760	70.83	90.07		324.1
18.09	64.86		109.8	7.67	40.01	90.3	760	80.37	94.06		348.4
20.32	67.34		118.4	9.26	43.53	88.9	760	90.07	96.27		373.5
25.57	72.63		132.0	13.15	54.55	85.0	760	33.33	69.18	76.7	760
28.66	73.83		138.2	20.83	62.73	81.6	760	46.20	77.56	73.80	760
37.16	80.53		155.3	28.18	67.75	78.0	760	52.92	79.71	72.7	760
43.62	82.38		167.4	12.18	47.41		157.0	59.37	81.83	71.3	760
50.33	84.57		175.4	14.78	52.20		169.7	68.49	84.92	70.0	760
59.33	86.19		188.2	21.31	61.94		196.0	85.62	89.62	68.0	760
67.13	88.35		202.5	26.93	71.06		217.7	87.41	91.94	66.9	760
80.02	95.36		223.1	32.52	785.80		236.6				
94.61	97.36		391.1	51.43	82.03		283.0				
100.0	100.0		404.6	62.79	86.54		306.4				

注：1 mmHg = 133 Pa

6. 甲醇 - 苯

甲醇 - 苯气液平衡组成与温度、压力关系见表 3-11。

表 3-11   甲醇 - 苯气液平衡组成与温度、压力关系

甲醇 /%（摩尔分数）		温度 ℃	压力 mmHg	甲醇 /%（摩尔分数）		温度 ℃	压力 mmHg	甲醇 /%（摩尔分数）		温度 ℃	压力 mmHg
液相	气相			液相	气相			液相	气相		
50.0	58.6	58	760	22.98	54.22		647.83	75.0	57.6		357.5
15.1	51.6	60		59.88	60.56		678.27	87.8	67.0		334.0
9.8	47.2	62		14.1	50.7	40	349.0	89.6	72.3		325.0
5.3	38.2	66		22.7	52.4		356.6	91.5	75.3		322.5
3.1	28.5	70		30.4	53.7		362.5	100.0	100.0		263.5
1.6	18.2	74		46.8	54.3		365.6				
6.38	42.10		545.73	64.3	56.6		366.2				
7.71	44.62		565.10	70.2	58.0		362.5				

注：1 mmHg = 133 Pa

3.2 物性计算

3.2.1 定压热容

理想气体定压热容：

$$C_p^0 = A + BT + CT^2 + DT^3 \qquad (3\text{-}1)$$

式中　C_p^0——理想气体定压热容，J/(mol·K)；

　　　　T——计算热容所取的温度，K；

理想气体热容方程系数见表 3-12。

表 3-12　　　　　　　　　　理想气体热容方程系数

名称	A/[J/(mol·K)]	B/[J/(mol·K^2)]	C/[J/(mol·K^3)]	D/[J/(mol·K^4)]
甲醇	5.052	1.694×10^{-2}	6.179×10^{-6}	-6.811×10^{-9}
乙醇	2.153	5.113×10^{-2}	-2.004×10^{-5}	0.328×10^{-9}
苯	-8.101	1.133×10^{-1}	-7.206×10^{-5}	1.703×10^{-8}
甲苯	-5.817	1.224×10^{-1}	-6.605×10^{-5}	1.173×10^{-8}
氯苯	-8.094	1.343×10^{-1}	-1.080×10^{-4}	3.407×10^{-8}
氯乙烯	1.421	4.823×10^{-2}	-3.669×10^{-5}	1.140×10^{-8}
1,1-二氯乙烷	2.979	6.439×10^{-2}	-4.896×10^{-5}	1.505×10^{-8}
1,2-二氯乙烷	4.893	5.518×10^{-2}	-3.435×10^{-5}	8.094×10^{-9}
3-氯丙烯	0.604	7.277×10^{-2}	5.442×10^{-5}	1.742×10^{-8}
1,2-二氯丙烷	2.496	8.729×10^{-2}	-6.219×10^{-5}	1.849×10^{-8}
二硫化碳	6.555	1.941×10^{-2}	-1.831×10^{-5}	6.384×10^{-9}
四氯化碳	9.725	4.893×10^{-2}	-5.421×10^{-5}	2.112×10^{-8}
丙酮	1.505	6.224×10^{-2}	-2.992×10^{-5}	4.867×10^{-9}

3.2.2 热　焓

理想气体在温度 T 时的热焓可由下式求得：

$$H^0 = \int_{T_s}^{T} C_p^0 \, \mathrm{d}T \qquad (3\text{-}2)$$

真实气体的热焓 H，可先求出理想气体的热焓 H^0，再加上同温下真实气体与理想气体的热焓差，即

$$H = H^0 + (H - H^0) \quad \text{或} \quad H = H^0 - (H^0 - H)$$

焓差可由状态方程式法、Lee-Kesler 法、Yen-Alexander 法求取。可参照《化学工程手册》第一册热焓的计算。

3.2.3 蒸发潜热

1. Pitzer 偏心因子法

$$\frac{\Delta H_v}{RT_c} = 7.08(1 - T_r)^{0.354} + 10.95\omega(1 - T_r)^{0.456} \qquad (3\text{-}3)$$

式中　　ω—— 偏心因子；

　　　　ΔH_v—— 在 T_r 时的蒸发潜热，J/mol。

2. 正常沸点下的蒸发潜热

Riedel 法

$$\Delta H_{vb} = 1.039 RT_c \left(T_{br} \frac{\ln p_c - 1}{0.930 - T} \right) \tag{3-4}$$

式中　　ΔH_{vb}—— 正常沸点时的蒸发潜热，J/mol；

　　　　T_c—— 临界温度，K；

　　　　p_c—— 临界压力，Pa；

　　　　T_{br}—— 正常沸点时的对比温度；

　　　　R—— 摩尔气体常量，8.314 J/(mol·K)。

3.2.4　液体密度与比重

1. 正常沸点下的液体摩尔体积

（1）Schroeder 法

将表 3-13 中所列原子或结构的数据加和。此法虽然简单，但精确度颇高，一般误差为 2%，对高缔合液体误差为 3% ～ 4%。

（2）Le Bas 法

见表 3-13，平均误差为 4%，但应用范围比 Schroeder 法广，对大多数化合物误差相近。

表 3-13　　　　　　　计算正常沸点下的分子结构常数

名称	增量 /(cm³/mol)		名称	增量 /(cm³/mol)	
	Schroeder	Le Bas		Schroeder	Le Bas
碳	7	14.8	氯	24.5	24.6
氢	7	3.7	氟	10.5	8.7
氧（除下列情况外）：	7	7.4	碘	38.5	37
在甲基酯及醚内	—	9.1	硫	21	25.6
在乙基酯及醚内	—	9.9	环：		
在更高的酯及醚内	—	11.0	三元环	−7	−6.0
在酸中	—	12.0	四元环	−7	−8.5
与 S、P、N 相联	—	8.3	五元环	−7	−11.5
氮：	7		六元环	−7	−15.0
双键	—	15.6	萘	−7	−30.0
在伯胺中	—	10.5	蒽	−7	−47.5
在仲胺中	—	12.0	碳原子双键	7	
溴	31.5	27	碳原子叁键	14	

（3）Tyn-Calus 法

$$V_b = 0.285 V_c^{1.048}$$

正常沸点下的体积 V_b 与临界体积 V_c 的单位为 cm^3/mol。本法除低沸点永久气体（He，Ne，Ar，Kr）与某些含氮、磷的极性化合物（HCN、PH$_3$）外，一般误差在 3% 之内。

2. 液体的比容

可用 Gumn-Yamada 法求取。本法只限于饱和液体比容。

$$\frac{V}{V_{SC}} = V_r^{(0)}(a - \omega \Gamma)$$

式中　　V——饱和液体比容，cm^3/mol；

　　　　ω——偏心因子；

　　　　$V_r^{(0)}$，Γ——对比温度的函数，见下：

$0.2 \leqslant T_r \leqslant 0.8$ 时，

$$V_r^{(0)} = 0.335\,93 - 0.339\,53 T_r + 1.519\,41 T_r^2 - 2.025\,12 T_r^3 + 1.114\,22 T_r^4$$

$0.8 < T_r < 1.0$ 时，

$$V_r^{(0)} = 1.0 + 1.3(1 - T_r)^{1/2} \lg(1 - T_r) - 0.508\,79(1 - T_r) -$$
$$0.915\,34(1 - T_r)^2$$

$0.1 \leqslant T_r < 0.2$ 时，

$$\Gamma = 0.296\,07 - 0.090\,45 T_r - 0.048\,42 T_r^2$$

$$V_{SC} = \frac{V_{0.6}}{0.386\,2 - 0.086\,6\omega}$$

上式 $V_{0.6}$ 为对比温度为 0.6 时的饱和液体摩尔体积。若 $V_{0.6}$ 未知时，V_{SC} 可按下式近似计算：

$$V_{SC} = \frac{RT_c}{p_c}(0.292 - 0.096\,7\omega)$$

若已知某参考温度 T^R 下的参考体积 V^R，则应用上式求取。其他温度 T 下的体积时，可以消除 V_{SC}，即

$$\frac{V}{V^R} = \frac{V_r^{(0)}(T_r)[1 - \omega \Gamma(T_r)]}{V_r^{R(0)}(T_r^R)[1 - \omega \Gamma(T_r^R)]}$$

式中　　$T_r^R = T^R/T_c$。

本式为计算饱和液体密度最精确的方法之一，可以应用于非极性及弱极性的化合物。

3.2.5　液体黏度

1. 纯液体黏度的计算

$$\lg \mu_1 = \frac{A}{T} - \frac{A}{B} \tag{3-5}$$

式中　　μ_1——液体温度为 T 时的黏度，$mPa \cdot s$；

T—— 温度,K。

A,B—— 液体黏度常数,见表 3-14。

表 3-14   液体黏度常数

名称	黏 度 常 数		名称	黏 度 常 数	
	A	B		A	B
甲醇	555.30	260.64	1,2-二氯乙烷	473.93	277.98
乙醇	686.64	300.88	3-氯丙烯	368.27	210.61
苯	545.64	265.34	1,2-二氯丙烷	514.36	261.03
甲苯	467.33	255.24	二硫化碳	274.08	200.22
氯苯	477.76	276.22	四氯化碳	540.15	290.84
氯乙烯	276.90	167.04	丙酮	367.25	209.68
1,1-二氯乙烷	412.27	239.10			

2. 液体混合物黏度的计算

对于互溶液体混合物

$$\mu_m^{1/3} = \sum_{i=1}^{n} x_i \mu_i^{1/3} \tag{3-6}$$

式中 μ_m—— 混合液黏度,mPa·s;

μ_i—— i 组分的液体黏度,mPa·s。

3.2.6   液体表面张力

1. 纯物质的表面张力

Macleod-Sugden 法

$$\sigma = \frac{[p](D-d)^4}{M} \tag{3-7}$$

式中 σ—— 表面张力,mN/m;

$[p]$—— 等张比容,可按分子结构因数加和求取;

D—— 液体密度,g/cm^3;

d—— 与液体同温度下饱和蒸汽密度,g/cm^3。

由温度 T_1 下表面张力 σ_1,求另一温度 T_2 下表面张力 σ_2 可由下式计算:

$$\sigma_2 = \sigma_1 \left(\frac{T_c - T_2}{T_c - T_1} \right)^{1,2} \quad (N/m) \tag{3-8}$$

式中 T_c—— 临界温度,K;

T_1、T_2—— 温度,K。

2. 非水溶液混合液的表面张力

$$\sigma_m^r = \sum_i^n x_i \sigma_i^r \tag{3-9}$$

式中　σ_i—— 组分 i 的表面张力,mN/m;

　　　　x_i—— 组分 i 的分子分数。

3. 含水溶液的表面张力

二元有机物-水溶液的表面张力在宽浓度范围内可用下式求取:

$$\sigma_m^{1/4} = \varphi_{sW}\sigma_W^{1/4} + \varphi_{sO}\sigma_O^{1/4} \tag{3-10}$$

式中　$\varphi_{sW} = x_{sW}V_W/V_s$; $\varphi_{sO} = x_{sO}V_O/V_s$。

并用下列各关联式求出 φ_{sW}、φ_{sO}:

$$B = \lg(\varphi_W^q/\varphi_O)$$

$$\varphi_{sW} + \varphi_{sO} = 1$$

$$A = B + Q$$

$$A = \lg(\varphi_{sW}^q/\varphi_{sO})$$

$$Q = 441(q/T)\left(\frac{\sigma_O V_O^{2/3}}{q} - \sigma_W V_W^{2/3}\right)$$

$$\varphi_W = x_W V_W/(x_W V_W + x_O V_O)$$

$$\varphi_O = x_O V_O/(x_W V_W + x_O V_O)$$

式中,下标 W、O、s 分别指水、有机物及表面部分;x_W、x_O 指主体部分的摩尔分数;V_W,V_O 指主体部分的摩尔体积;σ_W、σ_O 为纯水及有机物的表面张力。q 值由有机物的形式与分子的大小决定。举例说明于表 3-15。

若用于非水溶液时,q＝溶质摩尔体积/溶剂摩尔体积。本法对 14 个水系统,2 个醇-醇系统,当 q 值小于 5 时,误差小于 10%;当 q 值大于 5 时,误差小于 20%。

表 3-15　　　　　　　数据表示例

物质	q	举例
脂肪酸、醇	碳原子数	乙酸 $q = 2$
酮类	碳原子数－1	丙酮 $q = 2$
脂肪酸的卤代衍生物	碳原子数×卤代衍生物与原脂肪酸摩尔体积比	氯代乙酸 $q = 2\dfrac{V_s(氯代乙酸)}{V_s(乙酸)}$

【例 3-1】　计算甲醇水溶液(甲醇摩尔分数为 0.122)在 30℃ 时的表面张力。

($\sigma_W = 0.071\,18$ N/m,$\sigma_O = 0.021\,75$ N/m,$V_W = 18$ cm³/mol,$V_O = 41$ cm³/mol)

解　按表 3-15,$q = 1$,

$$\varphi_W/\varphi_O = (0.878)(18)/(0.122)(41) = 3.16$$

$$B = \lg 3.16 = 0.50$$

$$Q = (441)(1/303)\left[(0.021\,75)(41)^{2/3} - (0.071\,18)(18)^{2/3}\right] = -0.34$$

$$A = B + Q = 0.50 - 0.34 = 0.16$$

$$\lg(\varphi_{sW}/\varphi_{sO}) = 0.16$$

$$\varphi_{sW} + \varphi_{sO} = 1$$

$$\varphi_{sW} = 0.59, \quad \varphi_{sO} = 0.41$$

由式(3-10)得

$$\sigma_m = [(0.59)(0.071\ 18)^{1/4} + (0.41)(0.021\ 75)^{1/4}]^4 = 0.046\ \text{N/m}$$

其实验值为 0.046 1 N/m。

3.2.7　液体的饱和蒸气压

液体的饱和蒸气压可由 Antoine 方程计算。

Antoine 方程一般形式为

$$\ln p_{vp} = A - \frac{B}{T+C} \tag{3-11}$$

式中　p_{vp}——在温度 T 时的饱和蒸气压，mmHg；

　　　T——温度，K；

　　　A、B、C——Antoine 常数，常见物质的 Antoine 常数见表 3-16。

（注：1 mmHg＝133 Pa）

表 3-16　　　　　　　　　　　常见物质的 Antoine 常数

名称	A	B	C	名称	A	B	C
甲醇	16.567 5	3 626.55	−34.29	1,2-二氯乙烷	16.176 4	2 927.17	−50.22
乙醇	18.911 9	3 803.98	−41.68	3-氯丙烯	15.977 2	2 531.92	−47.15
苯	15.900 8	2 788.51	−52.36	1,2-二氯丙烷	16.038 5	2 985.07	−52.16
甲苯	16.013 7	3 096.52	−53.67	二硫化碳	15.984 4	2 690.85	−31.62
氯苯	16.067 6	3 295.12	−55.60	四氯化碳	15.874 2	2 808.19	−45.99
氯乙烯	14.960 1	1 803.84	−43.15	丙酮	16.031 3	240.46	−35.93
1,1-二氯乙烷	16.084 2	2 697.29	−45.03				

第4章

换热器设计

4.1   概   述

4.1.1 换热器的分类与特点

1.按用途划分

按照其用途不同可分为加热器、冷却器、冷凝器、再沸器、深冷器、过热器等。

加热器是把流体加热到必要的温度而使用的热交换器,被加热的流体没有相变化。

冷却器是用于把流体冷却到必要的温度的热交换器。

冷凝器是用于冷却凝结性气体,并使其凝结液化的热交换器。若使气体全部冷凝,则称为全凝器,否则称为分凝器。

再沸器是用于再加热装置中冷凝了的液体使其蒸发的热交换器。

深冷器是用于把流体冷却到0℃以下的很低温度的热交换器。

过热器是将流体(一般是气体)加热到过热状态的热交换器。

2.按热量交换原理和方式划分

按照冷、热流体热量交换的原理和方式不同,换热器可分为3大类:

（1）混合式换热器：冷、热流体直接接触和混合进行换热。这类换热器结构简单，价格便宜，常做成塔状，如图 4-1 所示。

（2）蓄热式换热器：冷、热流体交替通过格子砖或填料等蓄热体以实现换热，如图 4-2 所示。这类换热器由于少量流体相互掺和，易造成流体间的"污染"很少使用。

（3）间壁式换热器

冷、热流体通过将它们隔开的固体壁面进行传热，这是工业上应用最为广泛的一类换热器。按照传热面的形状及结构特点又可将其分为：

①管式换热器，如管壳式、套管式、螺旋管式、热管式等；

②板面式换热器，如板式、螺旋板式等；

③扩展表面式换热器，如板翅式、管翅式等。

如图 4-3～图 4-6 所示。

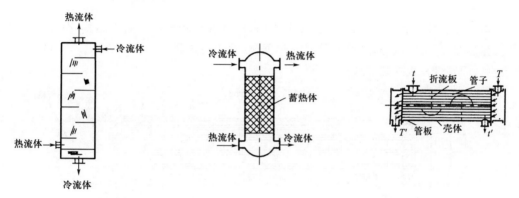

图 4-1　混合式换热器　　图 4-2　蓄热式换热器(生产过程中很少使用或不使用)　　图 4-3　管壳式换热器

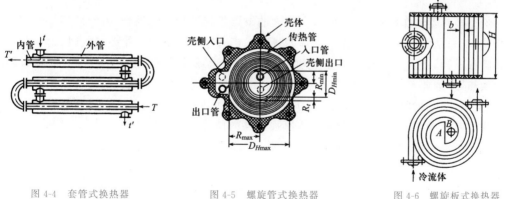

图 4-4　套管式换热器　　　　图 4-5　螺旋管式换热器　　　　图 4-6　螺旋板式换热器

本章主要以管壳式换热器为例，阐述对换热设备进行工艺计算及结构设计的步骤与方法。

4.1.2　换热设备设计步骤

（1）根据任务的要求，确定设计方案；

（2）进行工艺计算；

（3）选择适宜的结构方案，进行结构设计；

（4）进行流体阻力核算；

（5）绘制流程图及设备图纸，写说明书。

4.2　换热器工艺设计

4.2.1　换热器工艺设计方案的确定

1.换热器型式的选择

换热器的种类繁多，以管壳式换热器为例，按其管板和壳体的组合结构，分成固定管板式换热器、浮头式换热器、U形管式换热器、插管式换热器等。

（1）固定管板式换热器

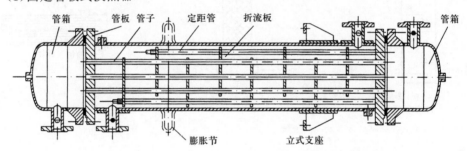

图 4-7　固定管板式换热器

这类换热器制作简单、价格便宜。最大的缺点是管外侧清洗困难，因而多用于壳侧流体清洁，不易结垢或污垢容易化学处理的场合。当管壁与壳壁温度相差较大时，由于两者的热膨胀不同，产生了很大的温差应力，以致管子扭弯或使管子从管板上松脱，甚至毁坏整个换热器，因此，一般管壁与壳壁温度相差 50 ℃以上时，换热器应有温差补偿装置。图 4-7 为具有温差补偿圈（或称膨胀节）的固定管板式换热器。一般这种装置只能用在壳壁与管壁温差低于 60～70 ℃和壳程流体压强不高的情况。壳程压强超过 $6×10^5$ Pa 时，由于补偿圈过厚，难以伸缩，失去温差补偿的作用，就应考虑采用其他结构。

（2）浮头式换热器

浮头式换热器如图 4-8 所示。用法兰把管束一侧的管板固定到壳体的一端，另一侧的管板不与外壳连接，以便管子受热或冷却时可以自由伸缩。这种型式的优点是当两种传热介质温差大时，不会因膨胀产生温差应力，且管束可以自由拉出，便于清洗。缺点是结构复杂，造价高。

（3）U形管式换热器

U形管式换热器如图 4-9 所示。此类换热器只有一个管板，管程至少为两程。由于管束可以取出，管外侧清洗方便，另外，管子可以自由膨胀。缺点是 U 形管的更换及管内清洗困难。

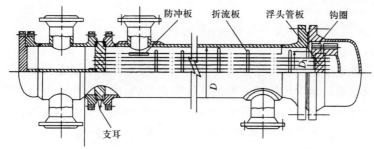

图 4-8　浮头式换热器

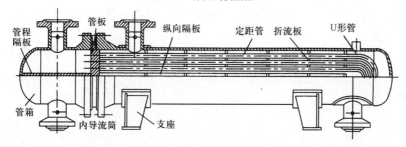

图 4-9　U 形管式换热器

管壳式换热器,按壳侧流体流动形式,可以分为图 4-10 所示 1-2n 热交换器(壳侧 1 程,管侧 2n 程)、2-4n 热交换器、分流式热交换器、分开流动式热交换器等。

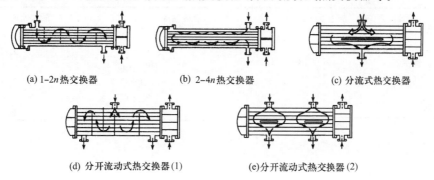

(a) 1-2n 热交换器　　　　(b) 2-4n 热交换器　　　　(c) 分流式热交换器

(d) 分开流动式热交换器(1)　　　(e)分开流动式热交换器(2)

图 4-10　壳侧流体的流动形式

当管内侧流体是高黏度流体并为层流时,为提高管内侧传热膜系数,换热器可制成短管结构。如图 4-11 所示。

换热器的选择涉及因素很多,如换热流体的腐蚀性及其他特性,操作温度与压力,换热器的热负荷,管程与壳程的温差,检修与清洗的要求等,选择时应综合考虑各方面因素。

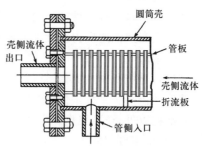

图 4-11　短管式热交换器(剖面图)

2.换热器内冷热流体通道的选择

哪种流体走管程,哪种流体走壳程,关系到设备使用的合理性,一般应考虑如下几个方面:

(1)不洁或易结垢的物料应走易于清洗的一侧,如冷却水一般走管内;

(2)需提高流速以增大传热膜系数的流体应走管内,因管程比壳程易增加流速;

(3)有腐蚀性或高压流体多走管内,以减少设备腐蚀或降低壳体受压;

(4)饱和蒸汽一般走壳程,因蒸汽较清洁,且冷凝液排出方便;

(5)被冷却流体一般选壳程,便于散热;

(6)若两流体温差较大,对于刚性结构的换热器,宜将传热膜系数大的流体通入壳程,以减小温差应力;

(7)流量小而黏度大的液体一般走壳程为宜,因在壳程 $Re>100$ 即可达到湍流。但这并非绝对的,若流动阻力允许,将该种流体通入管内并采用多管程结构,反而能得到更高的传热膜系数。

3.流体流速的选择

换热器内适宜的流速应通过经济核算选择,一般流体尽可能使 $Re>10^4$,黏度高的流体常按滞流设计。表4-1、表4-2中列出一些工业上常用的流速范围,可供设计时参考。

表4-1 列管式换热器内常用的流速范围

流体种类	流速 u/(m/s)	
	管程	壳程
一般液体	0.5~3	0.2~1.5
易结垢液体	>1	>0.5
气体	5~30	3~15

表4-2 不同黏度液体的流速(以普通钢壁为例)

液体黏度 μ/(10^{-3}N·s/m²)	最大流速 u/(m/s)
>1 500	0.6
1 500~500	0.75
500~100	1.1
100~35	1.5
35~1	1.8
<1	2.4

4.加热剂、冷却剂的选用

(1)常用加热剂

①饱和水蒸气

饱和水蒸气是一种应用最广的加热剂。饱和水蒸气冷凝时的传热膜系数很高,且可以通过改变蒸汽的压力准确地控制加热温度。

②烟道气

燃料燃烧所排放的烟道气温度可达 100~1 000 ℃,适用于高温加热。缺点是烟道气的热容及传热膜系数很低,加热温度控制困难。

除此以外,还可根据工厂的具体情况,采用热水或热空气作为加热剂。

(2)常用冷却剂

水和空气是最常用的冷却剂,应因地制宜加以选用。受当地气温限制,冷却水温度一般为 10~25℃,如需冷却到较低温度,则需采用低温介质,如冷冻盐水等。

5.换热设备设计与选型的原则

(1)满足规定的工艺条件

设计者应根据工艺过程所规定的条件,如传热量、流体的热力学参数(温度、压力、相态等)以及在该参数下的物性进行热力学和流体力学计算。经过优化,使设计的换热设备具有尽可能小的传热面积,在单位时间内传递尽可能多的热量。

根据所学过的传热知识,设计计算时可采取如下做法:

①流速的提高有利于传热,同时由于流体阻力一般与流速的平方成反比,在综合考虑阻力以及避免流体诱发振动的前提下,应尽量选择高的流速以增大传热系数。

②对于无相变的流体,尽可能采取逆流传热方式以增大平均传热温差,同时有助于减小结构中的温差应力。

③妥善布置传热面,不仅可增加单位空间内的传热面积,还可以改善流动特性。

如果换热器的一侧流体有相变,另一侧流体为气体,可在气相一侧的传热面上加翅片以增大传热面积,或在条件允许的情况下采用两相流以减小热阻,这对于传热都是十分有利的。

(2)确保安全可靠

换热设备作为压力容器,工艺及结构设计完成后,应遵照《钢制石油化工压力容器设计规定》等有关规定和标准进行机械强度及刚度的计算与校核,以确保换热设备的安全可靠。

(3)安装、操作及维修方便

设备与部件应便于运输与装拆,在厂房移动时不受楼梯、梁、柱等的妨碍;根据需要添置气、液排放口和检查孔等;对于易结垢的流体(或因操作上波动引起的快速结垢现象,设计中应提出相应对策)可考虑在流体中加入净化剂,以避免停工清洗,或将换热器设计成两部分,交替进行工作和清洗等。

(4)经济合理

当设计或选型时,往往有几种换热器都能满足生产工艺要求,此时对换热器的经济核算就显得十分必要。应根据在一定时间内(一般为一年)设备费(包括购买费、运输费、安装费等)与操作费(动力费、清洗费、维修费等)的总和最小来选择换热器,并确定适宜的操作条件。

(5)尽可能采用标准系列

我国已制定了《固定管板式换热器型式与基本参数》(JB/T 4715—1992)、《浮头式换热器和冷凝器型式与基本参数》(JB/T 4714—1992)等标准系列(参看本章附表 4-1、附表4-2),同时完成了 JB/T 4715—1992 及 JB/T 4714—1992 等标准施工图,这为设计以及检修、维护等诸多方面带来方便,在设计中应尽量采用。若因受标准系列的规格限制,不能满足工厂的生产要求,此时必须进行换热设备的结构设计;另外,即使选用标准系列图纸,选用前也要根据生产工艺要求进行必要的工艺计算,以确定所需的换热面积和设备结构,才能最终选用。

4.2.2　管壳式换热器的工艺计算

1.计算步骤

(1)根据生产经验或文献报道,初选传热系数 K,并据此及换热器热负荷算出传热面积的大小。然后,根据不同的情况将此面积乘以某安全系数。

(2)参照我国有关部门的换热器标准(见本章附表),初步决定管子直径、管长、管数、管距、壳体直径、管程数、折流板型式及数目等。

(3)根据以上换热器的大致轮廓尺寸,算出换热器管程及壳程的流速、传热膜系数,从而算出换热器的总传热系数 K,并据此重算换热面积,如与前述初步计算的传热面积大致相等,即认为试算过程前后相符,否则需另设 K 值或做某些调整,重新试算。

(4)壳程和管程阻力计算。

2.无相变的壳程传热膜系数的计算

关于管程传热膜系数的计算在化工原理理论课中讲述,此处只涉及壳程传热膜系数的计算。

(1)不设置挡板

若管壳式换热器管间无挡板,管外流体可按平行流模型考虑。此时仍可应用管内强制对流时的公式计算,只需引入管束部分流道及间隙流道的当量直径,推荐肖特(Short)公式:

$$\frac{\alpha_o D_i}{\lambda} = 0.16 \left(\frac{D_i G_B}{\mu}\right)^{0.6} \left(\frac{C_p \mu}{\lambda}\right)^{1/3} \left(\frac{\mu}{\mu_w}\right)^{0.14} \tag{4-1}$$

式中　α_o——壳程传热膜系数,$W/(m^2 \cdot ℃)$;

　　　D_i——壳体内径,m;

　　　G_B——通过管束部分(图 4-12 中虚线包围部分)的质量流速,$kg/(h \cdot m^2)$,$G_B = W_B/S_B$;

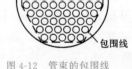

　　　S_B——管束部分的流道面积(包围管束的外侧面积与管子截面积之差),m^2;

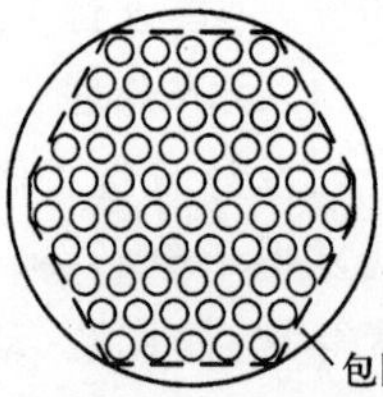

　　　W_B——通过管束部分的质量流量,kg/h;

图 4-12　管束的包围线

$$W_B = W_s \left[\frac{S_B}{S_B + S_{BX}(D_{BX}/D_B)^{0.715}}\right] \tag{4-2}$$

式中　W_s——通过壳侧的总流量,kg/h;

　　　S_{BX}——管束包围线与壳内径之间的间隙面积,m^2;

　　　D_B——管束部分流道的当量直径,m;

$$D_B = \frac{4S_B}{N_t \pi D_0} \tag{4-3}$$

　　　D_{BX}——间隙流道的当量直径,m;

$$D_{BX} = \frac{4S_{BX}}{\pi D_i} \tag{4-4}$$

D_i——壳体内径，m；

N_t——管子根数。

λ、μ、c_p 均为定性温度下流体的物性。

其中　λ——导热系数，W/(m · ℃)；

μ，μ_w——黏度，Pa · s；

c_p——热容，J/(kg · ℃)。

(2)设置圆缺形挡板

当管间设置了挡板，壳程中的流体将以垂直于管子轴线方向流过管束，此时，横向流中流体的行为显然要比平行流复杂得多。另外，安装挡板时，为使热交换器便于组装和分解，管子和折流板管孔之间，折流板与壳内径之间以及管束与壳内径之间均有某种程度的间隙，因此，在壳侧的流动中还有通过上述间隙的侧流，如图 4-13 所示，这些都会影响壳侧传热膜系数。

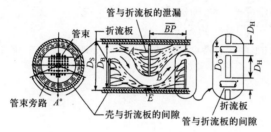

图 4-13　换热器壳侧流动形式

在求算设置圆缺形挡板的传热膜系数公式中，贝尔(Beer)将各间隙侧流的影响作为修正系数乘以传热膜系数，因而精度较高。若进行概算，可采用克恩(Kern)法和多诺霍(Dono-hue)法。

①克恩法

克恩提出下式作为传热膜系数推算式：

$$Nu = 0.36 Re^{0.55} Pr^{1/3} \left(\frac{\mu}{\mu_w}\right)^{0.14} \tag{4-5a}$$

$$\frac{a d_e}{\lambda} = 0.36 \left(\frac{d_e G_c}{\mu}\right)^{0.55} \left(\frac{C_p \mu}{\lambda}\right)^{1/3} \left(\frac{\mu}{\mu_w}\right)^{0.14} \tag{4-5b}$$

式中　Nu——努塞尔准数，$Nu = \dfrac{a d_e}{\lambda}$；

Re——雷诺准数，$Re = \dfrac{d_e u \rho}{\mu} = \dfrac{d_e G}{\mu}$；

Pr——普朗特准数，$Pr = \dfrac{C_p \mu}{\lambda}$。

适用范围：$2\,000 < Re < 10^6$。

定性温度取流体进出口温度的算术平均值。管间流速 G_c 根据流体垂直流过管束的最大截面积 S_c 计算：

$$G_c = W_S / S_c \quad [\text{kg}/(\text{s} \cdot \text{m}^2)] \tag{4-6a}$$

式中 W_S——通过壳侧的总流量，kg/s；

S_c——换热器中心线上或最近管排上错流流动的最大流道面积，m^2。

$$S_c = h D_i \left(1 - \frac{d_o}{P_t} \right) \tag{4-6b}$$

其中 h——两块挡板之间的距离，m；

D_i——换热器壳内径，m；

d_o——管子外径，mm；

P_t——管子间距，mm；

设计时，常先根据经验选取流速，最后进行验算和调整（表 4-1，表 4-2）。

d_e 为管群的当量直径，其值随管子布置方式而变。在管壳式换热器中，管子布置方式如图 4-14 所示。管间距用 P_t 表示。

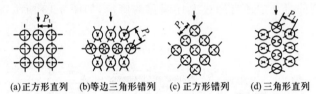

(a)正方形直列 (b)等边三角形错列 (c)正方形错列 (d)三角形直列

图 4-14 管子布置方式

正方形排列时，

$$d_e = \frac{4 \left(P_t^2 - \frac{\pi}{4} d_o^2 \right)}{\pi d_o} \tag{4-7}$$

正三角形排列时，

$$d_e = \frac{4 \left(\frac{\sqrt{3}}{2} P_t^2 - \frac{\pi}{4} d_o^2 \right)}{\pi d_o} \tag{4-8}$$

表 4-3 列出了最常用的管群的当量直径。

表 4-3　　　　　管群的当量直径

管外径 d_o/mm	间距 P_t/mm	当量直径 d_e/mm	
		正方形排列	三角形排列
19.0	25.0	22.8	17.2
25.4	32.0	26.0	19.0
31.8	40.0	32.3	23.8
38.1	48.0	39.0	28.6

另外，需要指出的是，式（4-5a）和式（4-5b）只适用于圆缺 25% 的折流板（百分数表示圆缺的弧高与壳内径之比），其他情况下，建议用图 4-15 求出作为雷诺数函数的传热因子 j_H，再由下式求得传热膜系数：

$$\alpha_o = j_H \frac{\lambda}{d_e} \left(\frac{C_p \mu}{\lambda} \right)^{1/3} \left(\frac{\mu}{\mu_w} \right)^{0.14} \tag{4-9}$$

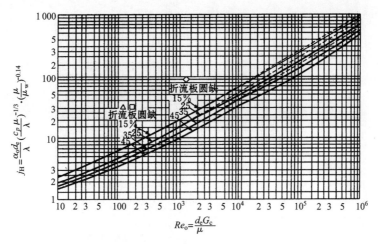

图 4-15 壳侧传热膜系数

②多诺霍法

多诺霍提出的传热膜系数推算式如下：

$$\frac{a_o d_o}{\lambda} = 0.23 \left(\frac{d_o G_{qm}}{\mu}\right)^{0.6} \left(\frac{C_p \mu}{\lambda}\right)^{1/3} \left(\frac{\mu}{\mu_w}\right)^{0.14} \tag{4-10}$$

式中 G_{qm}——与管束错流流动和在折流板圆缺部分中流动的平均质量流速，kg/(h·m²)；

$$G_{qm} = W_S / S_{qm} \tag{4-11}$$

其中 S_{qm}——平均流道的面积，m²；

$$S_{qm} = \sqrt{S_c S_b} \tag{4-12}$$

S_b——折流板圆缺部分的流道面积，m²；

$$S_b = K_i D_i^2 - n_w \cdot \frac{\pi}{4} d_o^2 \tag{4-13}$$

n_w 是折流板圆缺部分的管子根数，K_i 的值见表 4-4。

表 4-4 K_i 值

折流板圆缺 H_B	K_i	折流板圆缺 H_B	K_i
$0.25D_i$	0.154	$0.40D_i$	0.293
$0.30D_i$	0.198	$0.45D_i$	0.343
$0.35D_i$	0.245		

适用范围：$3 < Re < 2\,000$。

3. 管程与壳程的流体阻力的计算

(1)管程流体阻力

管内流体的阻力等于直管部分的阻力 Δp_t（包括直管阻力，管子进出口及换热器进出口阻力）和管箱处改变方向时的阻力之和，即

$$\Delta p_p = \Delta p_t + \Delta p_r \tag{4-14}$$

直管部分的阻力可用普通圆管内的流动阻力公式计算，摩擦系数可查图 4-16。图中，d_i 为管内径，m；G_i 为管侧流体质量流速，kg/(h·m²)。

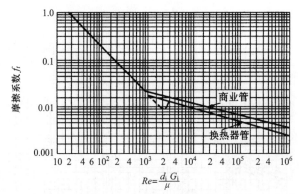

图 4-16　管内流动的摩擦系数

局部阻力系数可参照表 4-5。

表 4-5　　　　　　　　　局部阻力系数

局部阻力名称	阻力系数 ζ	局部阻力名称	阻力系数 ζ
管程出入口	1.0	壳程转接 180°	2.5
壳程出入口	1.5	壳程转折 180°	3.0

（2）壳程流体阻力

壳程流体阻力分有无挡板两种情况：

①无挡板时,流体顺着管束流动,可按直管阻力计算,但应以当量直径 d_e 代替管外径：

$$d_e = \frac{D_i^2 - N_t d_o^2}{D_i + N_t d_o} \tag{4-15}$$

式中　N_t——管子根数。

摩擦系数可查图 4-16 或用公式计算,局部阻力系数可参照表 4-5。

②有挡板时,计算方法很多,当使用贝尔法时,摩擦系数可查图 4-17。以下方法认为壳程总阻力为流体横过管束流动时的阻力、流体流过挡板转折 180°时的阻力以及壳程出入口的阻力三者之和：

$$\Delta p_s = \Delta p_1' + \Delta p_2' + \Delta p_3' \tag{4-16}$$

式中　$\Delta p_1'$——流体横过管束流动时的阻力,N/m²；

　　　$\Delta p_2'$——流体流过挡板转折 180°时的阻力,N/m²；

　　　$\Delta p_3'$——壳程出入口的阻力,N/m²。

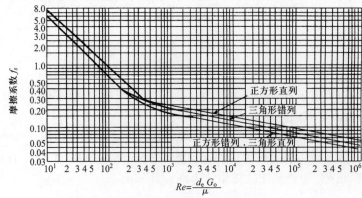

图 4-17　壳侧摩擦系数

流体横过管束一次的阻力：

$$\Delta p_1' = M\zeta \cdot \frac{\rho u'^2}{2} \tag{4-17}$$

式中　M——流体垂直于管束流动时,沿流动方向上管子的排数。对于圆缺型挡板,M 等于对角线上的管数;对于盘环挡板,M 等于六角形的圈数(见后面结构设计部分)。

　　u'——按流体横过管束时流道的截面积 S_c 计算的流速,m/s;S_c 的计算见式(4-6b)。

设壳程中的挡板数是 N_B,则流体横过管束流动的次数是 N_B+1,所以,流体横过管束(N_B+1)次的阻力应是

$$\Delta p_1' = (N_B+1)\Delta P_1' = (N_B+1)M\zeta \cdot \frac{\rho u'^2}{2} \tag{4-18}$$

流体流过 N_B 块挡板转折 180° 的次数是 N_B 次,其阻力是

$$\Delta p_2' = N_B\Delta P_2' = N_B\zeta \cdot \frac{\rho u'^2}{2} \tag{4-19}$$

局部阻力系数 ζ 值见表 4-5。

③概算法(仅适用于光滑管)

$$\Delta p_S = 10.4 \cdot \frac{G_c^2 l}{q_c\rho} \ (kg/m^2) \tag{4-20}$$

式中　l——管长,m;

　　q_c——换算系数,1.27×10^8 kg·m/(kg·h²)。

总传热系数概算值(冷却器)见表 4-6(a)。

表 4-6(a)　　　　总传热系数概算值(冷却器)

高温流体	低温流体	总传热系数 K/[1.163 W/(m²·℃)]
水	水	1 200~2 500*
甲醇	水	1 200~2 500*
氨	水	1 200~2 500*
水溶液	水	1 200~2 500*
有机物质(黏度 0.5 mPa·s 以下)	水	350~750
有机物质(黏度 0.5~1.0 mPa·s)	水	250~600
有机物质(黏度 1.0 mPa·s 以上)	水	25~400**
气体	水	10~250***
水		500~1 000
有机物质(黏度 0.5 mPa·s 以下)	水	200~500

总传热系数概算值(加热器)见表 4-6(b)。

表 4-6(b)　　　　总传热系数概算值(加热器)

高温流体	低温流体	总传热系数 K/[1.163 W/(m²·℃)]
水蒸气	水	1 000~3 500*
水蒸气	甲醇	1 000~3 500*
水蒸气	氨	1 000~3 500*
水蒸气	水溶液(黏度 2.0 mPa·s 以下)	1 000~3 500

（续表）

高温流体	低温流体	总传热系数 $K/[1.163\ \text{W}/(\text{m}^2 \cdot \text{℃})]$
水蒸气	水溶液（黏度 2.0 mPa·s 以上）	500～2 500*
水蒸气	有机物质（黏度 0.5 mPa·s 以下）	500～1 000
水蒸气	有机物质（黏度 0.5～1.0 mPa·s）	250～500
水蒸气	有机物质（黏度 1.0 mPa·s 以上）	30～300
水蒸气	气体	25～250***

总传热系数概算值（热交换器）见表 4-6(c)。

表 4-6(c)　　　　　　　　总传热系数概算值（热交换器）

高温流体	低温流体	总传热系数 $K/[1.163\text{W}/(\text{m}^2 \cdot \text{℃})]$
水	水	1 200～2 500*
水溶液	水溶液	1 200～2 500*
有机物质（黏度 0.5 mPa·s 以下）	有机物质（黏度 0.5 mPa·s 以下）	200～400
有机物质（黏度 0.5～1.0 mPa·s）	有机物质（黏度 0.5～1.0 mPa·s）	100～300
有机物质（黏度 1.0 mPa·s 以上）	有机物质（黏度 1.0 mPa·s 以上）	50～200
有机物质（黏度 1.0 mPa·s 以上）	有机物质（黏度 1.0 mPa·s 以下）	150～300
有机物质（黏度 0.5 mPa·s 以下）	有机物质（黏度 0.5 mPa·s 以上）	50～200

注：①本表的总传热系数是总污垢系数为 0.000 14 $\text{m}^2 \cdot \text{h} \cdot \text{℃}/\text{kJ}$，起主导作用流体侧允许阻力为 3.43～6.86 N/m^2 时的值。

②*，**，*** 分别表示特定情况下的值：* 污垢系数 0.000 048 $\text{m}^2 \cdot \text{h} \cdot \text{℃}/\text{kJ}$ 时，** 压力损失为 13.72～20.58 N/m^2 时，*** 表示受操作压力影响很大。

污垢系数（冷却水）见表 4-7(a)。

表 4-7(a)　　　　　　污垢系数（冷却水）

冷却水	$r/(1.163\ \text{m}^2 \cdot \text{℃}/\text{W})$			
冷却流体温度/℃	～115		115～205	
冷却水温度/℃	<52		>52	
流速/(m·s⁻¹)	<1	>1	<1	>1
海水	0.000 1	0.000 1	0.000 2	0.000 2
自来水	0.000 2	0.000 2	0.000 4	0.000 4
湖水	0.000 2	0.000 2	0.000 4	0.000 4
河水	0.000 6	0.000 4	0.000 8	0.000 6
硬水	0.000 6	0.000 6	0.001	0.001
蒸馏水	0.000 1	0.000 1	0.000 1	0.000 1
冷水塔	0.000 2	0.000 2	0.000 4	0.000 4
锅炉软化水	0.000 2	0.000 1	0.000 2	0.000 2

污垢系数（液体）见表 4-7(b)。

表 4-7(b)　　　　　　污垢系数（液体）

液体种类	$r/(1.163\ \text{m}^2 \cdot \text{℃}/\text{W})$	液体种类	$r/(1.163\ \text{m}^2 \cdot \text{℃}/\text{W})$
燃料油	0.001	植物油	0.000 6
机械油和变压器油	0.000 2	有机液体	0.000 2
清洁循环油	0.000 2	制冷剂液体	0.000 2
淬火油	0.000 8	盐水	0.000 2

污垢系数（气体）见表 4-7(c)。

表 4-7(c)　　　　　　　污垢系数(气体)

气体种类	$r/(1.163 \text{ m}^2 \cdot \text{℃/W})$	气体种类	$r/(1.163 \text{ m}^2 \cdot \text{℃/W})$
柴油机排气	0.002	压缩机等含油水蒸气	0.000 2
乙醇蒸气	0.000 2	制冷剂蒸气	0.000 4
有机物蒸气	0.000 2	空气	0.000 4
水蒸气	0.000 1		

4.3　换热器结构设计

　　换热器的工艺尺寸确定之后,若能选用热交换器标准系列,则结构尺寸随之而定,否则还需进行部件结构的设计计算。

　　换热器结构设计计算包括:管子在管板上的固定,是否需要温差补偿及补偿装置的设计,管板的强度,管板与壳体的连接结构,折流板与隔板的固定,端盖与法兰的设计,各部件的公差及技术条件等。

4.3.1　管束及壳程分程

1. 管束分程

　　为了解决管束增加引起管内流速及传热系数的降低,可将管束分程。在换热器的一端或两端的管箱中安置一定数量的隔板,一般每程中管数大致相等。注意温差较大的流体应避免紧邻以免引起较大的温差应力。

　　平行的与 T 形的管束分程图如图 4-18 所示。从制造、安装、操作的角度考虑,偶数管程有较多的方便之处,因此用得最多。但程数不宜太多,否则隔板本身占去相当大的布管面积,且在壳程中形成旁路,影响传热。

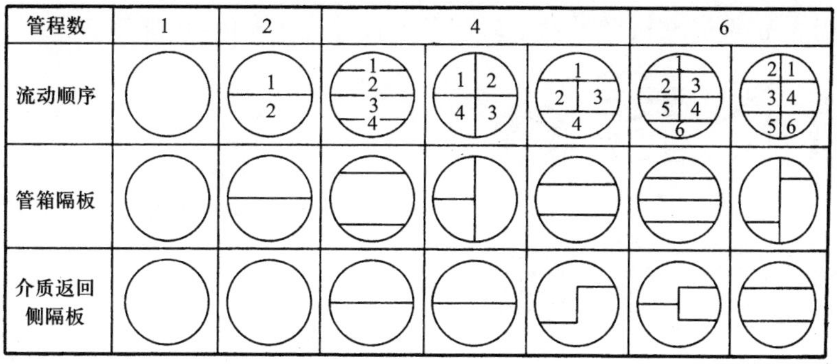

图 4-18　平行的与 T 形的管程分程图

2. 壳程分程

　　壳程分程的型式如图 4-19 所示,E 型最为普通,为单壳程。F 型与 G 型均为双程,它们的不同之处在于壳侧流体进出口位置不同。G 型壳体又称分流壳体,当用作水平的热虹吸式再沸器时,壳程中的纵向隔板起着防止轻组分的闪蒸与增强混合的作用。H 型与 G 型相似,只是进出口接管与纵向隔板均多一倍,故称之为双分流壳体。G 型与 H 型均可用于以压降作为控制因素的换热器中。壳程不同的分程方式对壳侧流体流动形式的影响如图 4-10 所示。考虑到制造上的困难,一般的换热器壳程数很少超过 2。

(a) E 型　　　(b) F 型　　　(c) G 型　　　(d) H 型

图 4-19　换热器的壳程型式

4.3.2　传热管

传热管采用普通钢管或异形管。

光管采用表 4-8 中的碳钢管或不锈钢管。其中最常用的规格是 19 mm×2 mm 和 25.4 mm×2 mm。

表 4-8　　　　　　　　　　　热交换器用管的尺寸

外径/mm	壁厚/mm	内径/mm	流通截面积/mm^2	管表面积/(m^2/m)
19.0	1.6	15.8	196	0.059 7
	2.0	15.0	177	
25.4	2.0	21.4	360	0.079 8
	2.3	20.0	340	
	2.6	20.2	320	
31.8	2.0	27.8	607	0.099 9
	2.6	26.6	556	
	3.2	25.4	507	
38.1	2.6	32.9	850	0.119 7
	3.2	31.7	789	

当换热器的传热系数不高时,为了强化传热,可采用异形管,如翅片管、螺纹管等(图 4-20、图 4-21)。翅片管多用于气体的加热和冷却,螺纹管多用于油类的冷却。实践证明,使用异形管可提高传热膜系数,但制造困难,阻力提高。

管子直径与长度的确定与工艺计算密切相关,长度的选择应根据我国现有管长的规格系列(常用 3 m,6 m,9 m 等),截取时应考虑管材的合理使用,避免浪费。

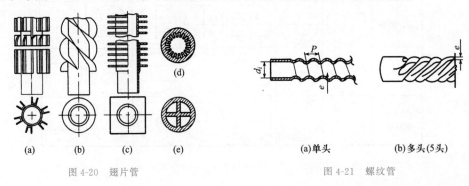

(a)　　(b)　　(c)　　(e)　　　　　　　　(a)单头　　　　(b)多头(5头)

图 4-20　翅片管　　　　　　　　　　　图 4-21　螺纹管

4.3.3　管子布置

管子应在整个换热器截面上均匀而紧凑地分布,此外,还要考虑流体的性质和结构设计及制造等方面的问题。管子在管板上的布置方案如图 4-14 所示。

采用等边三角形排列[图 4-14(b)]可以在同样的管板面积上排列最多的管数,故应用最普遍,但管外不易清洗。常用于壳侧流体清洁,不易结垢,或污垢可用化学方法处理的情况。正方形直列或错列[图 4-14(a),图 4-14(c)],由于可以用机械方法清洗,适用于易结垢的流体。三角形直列一般不用。

管子间距 P_t(管中心的距离),一般是管外径的 1.25 倍左右,以保证胀管时管板的刚度,用值见表 4-9。

表 4-9　　　　　　管子布置间距

管外径 d_o/mm	间距 P_t/mm	隔板中心到管中心距离 F/mm
19	25	19
25.4	32	22
31.8	40	26
38.1	48	30

当管程在 2 程以上时,像图 4-22 那样隔开,此时,隔板中心到管中心距离 F 可参照表 4-9。一般地,有

$$F = P_t/2 + 6 \ (\text{mm})$$

除了上述排列方法外,也可采用组合排列方法。例如,在多程换热器中,每一程都采用三角形排列,而在各程之间则采用正方形排列,以便于隔板的安排。如图 4-23 所示。

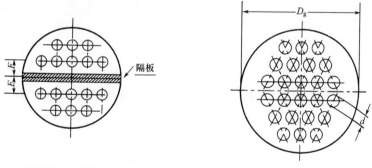

图 4-22　隔板中心到管中心的标准距离 F　　　　图 4-23　组合排列法

当管子总数超过 127(相当于 6 层)时,等边三角形最外层的管子和壳体之间的弓形部分应配置附加的管子,这样不仅增加传热面积,而且消除传热死角。附加管子的配置法可参考表 4-10。

对于多管程换热器,分程的纵向隔板占据了管板上一部分面积,最终的实际排管数必须根据作图确定。

表 4-10　　　　　　　　　　　　按等边三角形排列的管子的根数

六角形的层数	对角线上的管数	不计弓形部分时管子的根数	弓形部分管数				换热器内管的总根数
			在弓形的第一排	在弓形的第二排	在弓形的第三排	在弓形部分内的总管数	
1	3	7	—	—	—	—	7
2	5	19	—	—	—	—	19
3	7	37	—	—	—	—	37
4	9	61	—	—	—	—	61
5	11	91	—	—	—	—	91
6	13	127	—	—	—	—	127
7	15	169	3	—	—	18	187
8	17	217	4	—	—	24	241
9	19	271	5	—	—	30	301
10	21	331	6	—	—	36	367
11	23	397	7	—	—	42	439
12	25	469	8	—	—	48	517
13	27	547	9	2	—	66	613
14	29	631	10	5	—	90	721
15	31	721	11	6	—	102	823
16	33	817	12	7	—	114	913
17	35	919	13	8	—	126	1045

4.3.4　管　板

1.分类及特点

管板用来固定换热管并起着分隔管程、壳程的作用。

管板型式有平管板、椭圆形管板和双管板。其中最常见的是平管板。当流体有腐蚀性时,管板应采用耐腐蚀材料,工程上多采用轧制成的复合不锈钢板,或在碳钢表面堆焊一层厚度不小于5mm的覆盖层。当换热器承受高温高压时,应采用薄型管板,既降低了温差应力,同时又满足了高压对机械应力的要求。薄管板的突出优点是节约管板材料,高压时可节约90%,且加工也方便。所以在中、低压换热器中得以推广应用。

如图4-24所示为用于固定管板式换热器中的薄管板结构。图4-24(a)中的薄管板贴于法兰表面上,当管内走腐蚀性流体时,法兰可不与之接触。图4-24(b)中的管板嵌入法兰内,这样不论腐蚀性流体走管程还是壳程,都会与法兰接触。这种结构法兰力矩对管板影响较大。图4-24(c)中的结构中,管板在法兰的下方与刚度较小的筒体焊接,法兰力矩对管板几乎无影响,而且当壳程通过腐蚀性流体时,法兰不会受到腐蚀,是一种较好的结构。

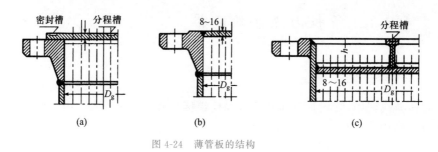

图 4-24　薄管板的结构

2. 管板尺寸

固定管板式换热器的管板尺寸见附表 4-3。

4.3.5　管子与管板的连接

在管壳式换热器的结构设计中,管子与管板的连接是否紧密十分重要。如果连接不紧密,在操作时连接处发生泄漏,冷、热流体互相混合,会造成物料和热量的流失;若物料带有腐蚀性、放射性或两种流体接触会产生易爆易燃的物质,后果将更加严重。

在固定管板式换热器的连接处还应考虑能承受一定的轴向力,以避免温度变化较大时,产生的热应力使管子从管板脱出。

管子与管板的连接方法主要是胀接和焊接,如图 4-25 所示。胀接法结构简单,管子的更换及修补方便,多用于压力低于 40 atm(1 atm=1.013×10⁵ Pa)和温度低于 300℃的场合。对于高温高压以及易燃易爆的流体,多采用焊接法。

焊接法加工简便,对管孔的加工要求不高,较强的抗拉脱能力使之在高温高压下仍能保持连接处的紧密性,同时,在压力不太高时,还可采用薄型管板。其缺点是焊接造成的残余热应力与应力集中,在设备运行时可能引起应力腐蚀和疲劳破坏。此外,管子和管孔之间的间隙中存在的不流动流体与间隙外流体浓度上的差别易产生间隙腐蚀。图 4-25 (c)的结构可克服此弊病,但该结构加工困难,故仅在要求很高的场合使用。建议用先胀后焊法消除此间隙。实际上,胀、焊结合的方法综合了二者的优点,不仅能提高连接处的抗疲劳性能,还可消除应力腐蚀和间隙腐蚀,提高使用寿命。目前已得到较广泛的应用。

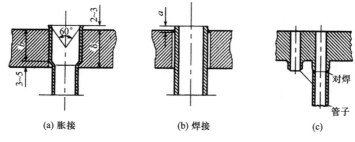

图 4-25　管子与管板的连接形式

4.3.6　管板与壳体的连接

1.固定管板式换热器

在该换热器中,管板与壳体的连接均用焊接,如图 4-26 所示。图 4-26(a)是管板兼做法兰时的结构。该结构在管板上开槽,壳体嵌入后焊接。壳体对中容易,适用于压力不太高、物料危害性不大的场合。图 4-26(b)、图 4-26(c)为管板不兼做法兰时的结构。壳径小时常用如图 4-26(b)所示结构;当壳程与管程压力不同,壳体与管箱壁厚不同时可采用如图 4-26(c)所示结构。

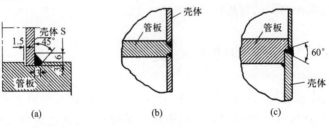

图 4-26　管板与壳体的连接形式

2.浮头式、U 形管式换热器

该类换热器要求管束能够方便地从壳体中抽出进行清洗和维修,因而换热器固定端的管板采用可拆式连接方式,即把管板夹在壳体法兰与管箱法兰之间,如图 4-27 所示。图 4-27(a)所示结构便于管、壳程一起进行清洗。图 4-27(b)所示结构便于经常对管程进行清洗,而图 4-27(c)所示结构适于经常对壳程进行清洗。

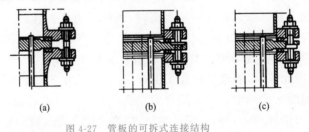

图 4-27　管板的可拆式连接结构

4.3.7　折流板

折流板的设置主要是为了提高壳程的流速,增加湍动,改善传热。在卧式换热器中,折流板还起着支撑管束的作用。从传热的角度出发,有些换热器,如冷凝器,是不需要设置折流板的,但为了增加管束的刚度,防止管子振动,仍然要设置一定数量的支持板,这些支持板的尺寸及形状均按折流板处理。

1.分类及特点

圆环形折流板[图 4-28(a)]由圆板和环形板组成。因为环形板背后易堆积不凝气和污垢,故此类折流板不常用。

圆缺形(或称弓形)折流板是常见的折流板[图 4-28(b)、图 4-28(c)]。在卧式换热器中,分为圆缺上下方向和左右方向两种排列方式。上下方向排列可造成液体的剧烈扰动,增大传热膜系数,这种型式最常用。如待处理料液中有悬浮颗粒,宜采用左右方向排列。

弓形折流板中以单弓形用得最多[图 4-29(a)、图 4-30]。弓形缺口的高度为壳体公称直径的 0.15~0.45 mm,多取 0.2 mm。在卧式冷凝器中,折流板底部应开一高度为 15~20 mm 的 90°缺口供停工排净残液用。在有些冷凝器中需保留一定量的过冷凝液以保证泵的吸入压头,此时可采用带堰的折流板。

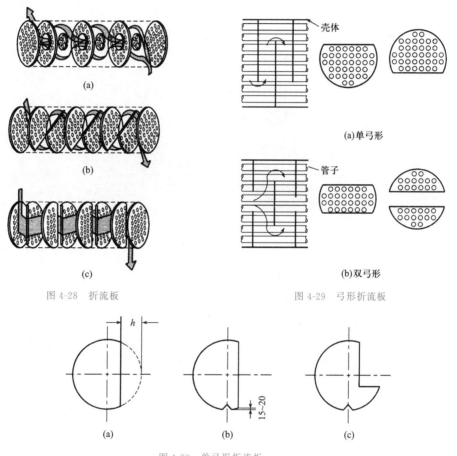

图 4-28　折流板

图 4-29　弓形折流板

图 4-30　单弓形折流板

双弓形折流板多用于大直径的换热器中。由于折流板间距较大,流体流经单弓形折流板,会在其后接近壳体处,形成对传热不利的"死区"。采用双弓形折流板可消除此弊端,因流体分两股流动,不仅减少了死区,还有利于减轻流体诱发的振动[图 4-29(b)]。

2. 折流板间隔

折流板与支持板一般均借助于长拉杆利用焊接或定距管来保持板间的距离。折流板间距视壳程介质的流量、黏度及换热器的功用而定,其系列为 100 mm,150 mm,200 mm,300 mm,450 mm,600 mm,800 mm,1 000 mm。

　　折流板间距的确定原则主要是考虑流体流动,理想的情况是缺口的流通截面积和通过管束的错流流动的截面积大致相等。这样可以减小压降并且避免或减小"静止区",从而改善传热。推荐折流板间距的最小值为壳内径的1/5,最大值决定于支持管所必需的最大间距,规定不得大于壳内径。否则流体流向就会与管子平行而不是垂直,从而使传热膜系数降低。

　　折流板外径与壳体之间的间隙应适宜。间隙过小,会给制造安装带来困难;间隙过大,又会造成流经此处短路的壳程流体量增多,降低传热效率。

3.旁流挡板

　　如果壳体和管束之间间隔过大,为防止流体短路,往往采用旁流挡板,如图4-31所示。旁流挡板是指在间隙较大处加上纵向窄条(密封条),一般用点焊的方法固定在两折流板之间。

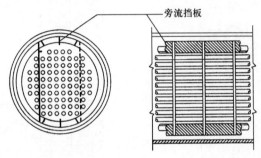

图 4-31　旁流挡板

4.3.8　管箱与壳程接管

1.管箱与封头

　　封头和管箱位于壳体两侧,用于控制及分配管程流体。常见管箱结构如图4-32所示。管箱结构应便于拆装,以利于管子的清洗、检修。图4-32(a)所示结构在清洗、检修时必须拆下外部管道。若改为图4-32(b)结构,由于有侧向接管,则不必拆外部管道就可将管箱卸下。图4-32(c)所示结构将管箱上盖做成可拆的,增加了一对法兰,但检修时只需拆卸盖子,不必拆管箱,比较方便。

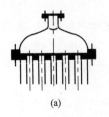 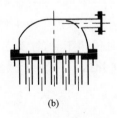 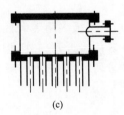

　　　　(a)　　　　　　　　　　　(b)　　　　　　　　　　　(c)

图 4-32　管箱结构

2.壳程接管

壳程流体进出口的设计直接影响换热器的传热效率和换热管的寿命。当加热蒸汽高速流入壳程时,对换热管会造成强烈的撞击,这种撞击会侵蚀管子,并引起振动,所以常将壳程接管做成锥形,起缓冲作用,如图 4-33 所示。或者在流体入口处设置挡板(图 4-34)。挡板设计合理,还可以更充分地利用换热面积,提高换热能力。

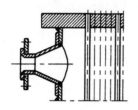

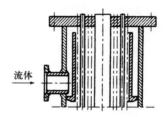

图 4-33　缓冲接管　　　　　　　图 4-34　壳程入口管挡板

通常采用的挡板有圆形和方形两种,如图 4-35、图 4-36 所示。挡板距壳壁的距离 e 不宜过小,以免增加流体阻力;但若距离过大,又会妨碍管子排列,减少传热面积。一般,e 不得小于 30 mm,同时应保持此处流道截面积不小于流体进口接管的截面积。图 4-36 的方形挡板,上面开有许多小孔,目的在于增加流体通道。

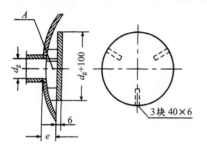

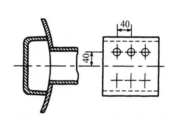

图 4-35　圆形挡板　　　　　　　图 4-36　方形挡板

另外,对于蒸汽在壳程冷凝的立式换热器、冷凝器等,应尽量减少冷凝液在管板上的滞留,以保证传热面的充分利用。为此,冷凝液的排出管安装情况如图 4-37 所示。不凝气排出管,作为开车时的排气管及运行中间歇排出不凝气的接管是不可缺少的,其安装位置应在壳程尽可能高的位置,多在上管板上。

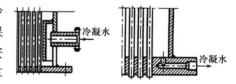

图 4-37　立式换热器的冷凝液出口

4.3.9　壳体直径及厚度

1.壳体直径计算

壳体的内径应等于或稍大于(在浮头换热器中)管板的直径,所以,由管板直径的计算可以决定壳体的内径。通常按下式确定壳径:

$$D = P_t(b-1) + 2e \qquad (4-21)$$

式中　D——壳体内径，mm；

　　　P_t——管心距，mm；

　　　b——最外层的六角形对角线（或同心圆直径）上的管数；

　　　e——六角形最外层管中心到壳体内壁距离，一般取 $e=(1\sim1.5)d$。

壳径的计算值应圆整到最接近部颁标准尺寸（表 4-11）。式(4-21)中 b 值可由表 4-10 查出，或用作图法求取，即已知管数 n 和管心距 P_t，从中心开始按六角形排管排至 n 根后，再统计对角线上的管数。

表 4-11　　　　　　　　　　　　　　　　标准尺寸

壳体内径/mm	325	440	500	600	700	800	900	1000	1100	1200
最小壁厚/mm	8	10				12			14	

2. 壳体厚度计算

当热交换器受内压时，外壳厚度 s 可用下式计算：

$$s = \frac{pD}{2[\sigma]\varphi - p} + c \qquad (4-22)$$

s——外壳壁厚，cm；

p——操作时的内压力（表压），N/cm^2；

$[\sigma]$——材料许用应力，N/cm^2；

φ——焊缝系数，单面焊缝 $\varphi=0.65$，双面焊缝 $\varphi=0.85$；

c——腐蚀裕度，其范围为 $0.1\sim0.8$ cm，根据流体的腐蚀性而定；

D——壳内径，cm。

根据式(4-22)计算出壳体厚度后，还应适当考虑安全系数，以及开孔的强度补偿措施，一般都应大于表 4-11 中的最小壁厚。

4.3.10　概略质量

为了检查安装热交换器的基础、构架等，应知道热交换器的概略质量，该值可从图 4-38 查得。

4.4　有相变化热交换器

1. 再沸器

再沸器是精馏装置的重要附属设备，其作用是使塔底釜液部分汽化，从而实现精馏塔内气液两相间的热量及质量传递。

（1）再沸器种类及选用

再沸器的种类较多，其主要型式有下列几种：

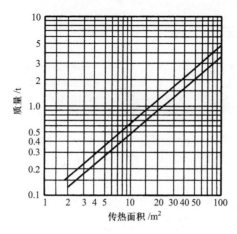

图 4-38　管壳式热交换器概略质量

①立式热虹吸再沸器

如图 4-39 所示,立式热虹吸再沸器是利用塔底单相釜液与换热器传热管内气液混合物的密度差形成循环推动力,构成工艺物流在精馏塔底与再沸器间的流动循环。这种再沸器具有传热系数高,结构紧凑,安装方便,釜液在加热段的停留时间短,不易结垢,调节方便,占地面积小,设备及运行费用低等显著优点。壳程通常不采用机械方法洗涤,因此不适宜用于高黏度或较脏的加热介质。同时由于是立式安装,增加了塔的裙座高度。

②卧式热虹吸再沸器

如图 4-40 所示,卧式热虹吸再沸器也是利用塔底单相釜液与再沸器中气液混合物的密度差维持循环。卧式热虹吸再沸器的传热系数和釜液在加热段的停留时间均为中等,维护和清理方便,适用于传热面积大的情况,对塔釜液面高度和流体在各部位的压降要求不高,可适于真空操作,出塔釜液缓冲容积大,故流动稳定。缺点是占地面积大。

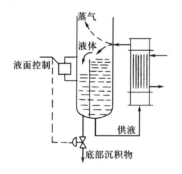

图 4-39　立式热虹吸再沸器

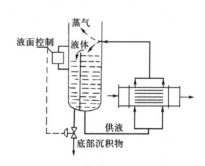

图 4-40　卧式热虹吸再沸器

立式及卧式热虹吸再沸器本身没有气、液分离空间和缓冲区,这些均由塔釜提供。其特性归纳见表 4-12。

表 4-12　　　　　　　　　　　　　　　　热虹吸再沸器的特性

选择时考虑的因素	立式再循环	卧式再循环	选择时考虑的因素	立式再循环	卧式再循环
工艺物流侧	管程	壳程	台数	最多 3 台	根据需要
传热系数	高	中偏高	裙座高度	高	低
工艺物流停留时间	适中	中等	平衡级	小于 1	小于 1

(续表)

选择时考虑的因素	立式再循环	卧式再循环	选择时考虑的因素	立式再循环	卧式再循环
投资费	低	中等	污垢热阻	适中	适中
占地面积管路费	小	大	最小汽化率	3%	15%
管路费	低	高	正常汽化率上限	25%	25%
单台传热面积	小于 800 m²	大于 800 m²	最大汽化率	35%	35%

③强制循环式再沸器

如图 4-41 所示,强制循环式再沸器是依靠泵输入机械功进行流体的循环,适用于高黏度液体及热敏性物料、固体悬浮液以及长显热段和低蒸发比的高阻力系统。

④釜式再沸器

如图 4-42 所示,釜式再沸器由一个带有气液分离空间的壳体和一个可抽出的管束组成,管束末端有溢流堰,以保证管束能有效地浸没在液体中。溢流堰外侧空间作为出料液体的缓冲区。再沸器内液体的装填系数,对于不易起泡沫的物系为 80%,对于易起泡沫的物系则不超过 65%。釜式再沸器的优点是对流体力学参数不敏感,可靠性高,可在高真空下操作,维护与清理方便。缺点是传热系数小,壳体容积大,占地面积大,造价高,塔釜液在加热段停留时间长,易结垢。

⑤内置式再沸器

如图 4-43 所示,内置式再沸器是将再沸器的管束直接置于塔釜内而成,其结构简单,造价比釜式再沸器低。缺点是由于塔釜空间容积有限,传热面积不能太大,传热效果不够理想。

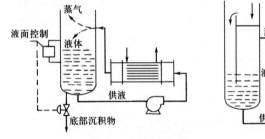 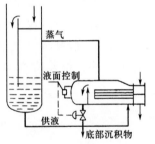 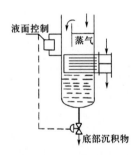

图 4-41　强制循环式再沸器　　　　　图 4-42　釜式再沸器　　　　图 4-43　内置式再沸器

(2)再沸器选用

工程上对再沸器的基本要求是操作稳定、调节方便、结构简单、加工制造容易、安装检修方便、使用周期长、运转安全可靠,同时也应考虑其占地面积和安装空间高度要合适。一般来说,同时满足上述各项要求是困难的,故在设计上应进行全面分析、综合考虑,找出主要的、起决定性作用的要求,然后兼顾一般,选择一种比较合理的再沸器形式。

一般在满足工艺要求的前提下,应该先考虑选用立式热虹吸再沸器,因为它具有上述一系列的突出优点和优良性能。

(3)再沸器设计

再沸器采用管壳式热交换器时,其工艺设计与前面介绍的方法大同小异,主要差别在于换热器热负荷采用相变热计算方法,管壳内外传热膜系数采用有相变时的计算方法。另外,再沸器结构形式不同会导致工艺设计方法有些差异。

2.冷凝器

冷凝器是将工艺蒸汽冷凝为液体的设备,在冷凝过程中将热量传递给循环水等冷凝冷却剂。列管式冷凝器中所用的换热表面可以是简单的光管、带肋片的扩展表面或经开槽、波纹或其他特殊方式处理过的强化表面。

(1)冷凝器类型

管壳式冷凝器有卧式与立式两种类型,被冷凝的工艺蒸汽可以走壳程,也可以走管程。其中卧式壳程冷凝和立式管程冷凝是最常用的形式。

①卧式壳程冷凝器

如图 4-44 所示为一卧式壳程冷凝器。壳程上除设有物流进出口接管外,还设有冷凝液排出口和不凝气排出口。壳程蒸汽入口装有防冲板,以减少蒸汽对管束的直接冲击。但防冲板周围应留有足够的空隙,以减少阻力。通常,其流通截面积应与蒸汽入口管截面积相同,而且其动压 ρu^2 应不大于 2 200 kg/(m·s²)。壳程中的横向弓形折流板和支承板圆缺面可以水平或垂直安装。对于水平安装的折流板,为了防止流体短路,切去的圆缺高度不应大于壳体内径 35%,折流板间最小间距为壳体内径的 35%,最大间距不宜大于壳体内径的 2 倍。为了便于排出冷凝液,折流板的下缘开有槽口。这种水平安装方式可以造成流体的强烈扰动,传热效果好。对于垂直安装的折流板,为了便于排出冷凝液,应切去的圆缺高度为壳体内径的 50%,且左右排列。不论弓形折流板的圆缺面是水平还是垂直安装,当被冷凝工艺蒸汽中含有不凝气时,折流板间距应随蒸汽冷凝而减小,以增强传热效果。当冷凝表面传热系数小时,在管外可以使用低翅管,翅高 1～2 mm。若要使冷凝液过冷,可以采用阻液形折流板。卧式壳程冷凝器的优点是压降小,冷凝液走管程便于清洗;缺点是蒸汽与冷凝液产生分离,难于全凝宽沸程范围的混合物。

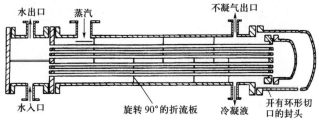

图 4-44 卧式壳程冷凝器

②卧式管程冷凝器

这种管程冷凝器的管程多是单或双程。其中传热管长度和直径大小,以及传热管的排列方式取决于管程和壳程的传热需要。管程采用双程时,冷凝液可以在管程之间引出,这样可以减小液相的覆盖面积,也可以减小压降,同时,用减小第二程管数的方法使其保持质量流速不变。在这种冷凝器中,蒸汽与冷凝液的接触不好,因此对宽沸程蒸汽的完全冷凝是不适宜的。此外,由于冷凝液只是局部注满管道,因此过冷度较低。

③立式壳程冷凝器

如图 4-45 所示为一立式壳程冷凝器和水分配器。壳程设置折流板或支承板,蒸汽流过防冲板后自上而下流动,冷凝液由下端排出。冷却水以降膜的形式在管内向下流动,因而冷却水侧要求的压力低;由于水的传热系数大,故耗水量少,但水的分配不易均匀,可在管口安装水分配器。

④管内向下流动的立式管程冷凝器

如图 4-46 所示为一管内蒸汽及其冷凝液均向下流动
的立式管程冷凝器,是一带有外部封头和分离端盖的管壳
式换热器。若壳程不需要清洗或可用化学方法清洗,则可
用固定管板式结构。蒸汽是通过径向接管注入顶部,在管
内向下流动,在管壁上以环状薄膜的形式冷凝,冷凝液在
底部排出。为使出口排气中携带的冷凝液量最少,下面的
分离端盖可设计成挡板式或漏斗式。冷凝液液位应低于
挡板或漏斗。传热管径多为 19~25 mm,在低压时,为减
小压降,可用 50 mm 直径的管子。

⑤管程向上流动的立式管程冷凝器

如图 4-47 所示为一管程蒸汽和壳层冷凝介质均向上
流动的立式管程冷凝器。这种冷凝器通常直接安装在蒸
馏塔的顶部,以利于利用冷凝液回流来气提少量低沸点组分。为了确保有热的冷凝液或
防止低沸点组分被冷凝,可采用冷凝介质向上流动的流程。蒸汽经由径向接管注入其底
部冷凝器。冷凝器的传热管长度为 2~3 m,其直径多大于 0.025 m。管束下端延伸到管
板外,并且成 60°~75° 的倾角,以便于排液。

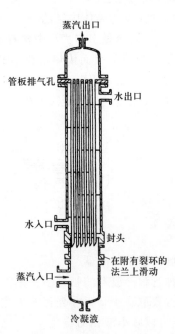

图 4-45　立式壳程冷凝器和水分配器

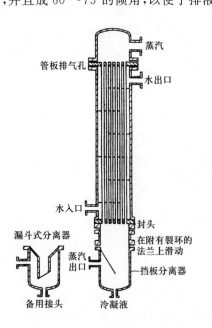

图 4-46　管内向下流动的立式管程冷凝器　　　　图 4-47　管程向上流动的立式管程冷凝器

蒸汽向上流动的流速阻碍冷凝液自由回流时,会产生液泛,将冷凝液从冷凝器顶部吹出。

(2)冷凝器的选用

冷凝器选型时应考虑的因素如下。

①蒸汽压力

对于低压蒸汽,为减小压降,宜在壳程冷凝;对于高压蒸汽,为减少设备投资,宜在管

程冷凝。

②冻结与污垢

若冷凝液可能冻结,为使堵物影响小些则宜在壳程冷凝;若蒸汽含垢或有聚合作用,为便于清洗宜在管程冷凝。

③蒸汽为多组分

冷凝多组分蒸汽或在汽提时能够防止低沸点组分冷凝,宜采用立式管程冷凝器。

(3)冷凝器的设计

冷凝器的设计步骤与换热器设计步骤相同,但须注意,由于冷凝器常用于精馏过程,考虑到精馏塔操作常需要调整回流比,同时还可能兼有调节塔压的作用,应适当加大其面积裕度,按经验,其面积裕度应在 30% 左右。

基本参数见表 4-13 至表 4-15。

表 4-13　固定管板式换热器基本参数(摘录)

公称直径 D_g/mm	管程数 N_p	传热管数量 N_t	传热面积 $A/m^2 \left(\dfrac{公称值}{计算值}\right)$ 换热管长 L/mm				管程通道截面积/m^2		管程流速为 $0.5\ m \cdot s^{-1}$ 时的流量 $Q/(m^3 \cdot h^{-1})$		公称压力/(kgf/cm^2)
			1 500	2 000	3 000	6 000	碳素钢管 $\phi 25 \times 2.5$/mm	不锈耐酸钢管 $\phi 25 \times 2$/mm	碳素钢管 $\phi 25 \times 2.5$/mm	不锈耐酸钢管 $\phi 25 \times 2$/mm	
400	Ⅰ	109	$\dfrac{12}{12.0}$	$\dfrac{16}{16.3}$	$\dfrac{25}{24.8}$	$\dfrac{50}{50.5}$	0.034 2	0.037 8	61.6	68.0	16
	Ⅱ	102	$\dfrac{10}{11.2}$	$\dfrac{15}{15.2}$	$\dfrac{22}{23.2}$	$\dfrac{45}{47.2}$	0.016 0	0.017 7	28.8	31.8	
	Ⅳ	86	$\dfrac{10}{9.46}$	$\dfrac{12}{12.8}$	$\dfrac{20}{19.6}$	$\dfrac{40}{39.8}$	0.006 80	0.007 40	12.2	13.4	
600	Ⅰ	269	–	–	$\dfrac{60}{61.2}$	$\dfrac{125}{124.5}$	0.084 5	0.093 2	152	168	10
	Ⅱ	254	–	–	$\dfrac{55}{58.0}$	$\dfrac{120}{113}$	0.039 9	0.044 0	71.8	79.2	16
	Ⅳ	242	–	–	$\dfrac{55}{55.0}$	$\dfrac{110}{112}$	0.019 0	0.021 0	34.2	37.7	25
800	Ⅰ	501	–	–	$\dfrac{110}{114}$	$\dfrac{230}{232}$	0.157	0.174	283	312	6
	Ⅱ	488	–	–	$\dfrac{110}{111}$	$\dfrac{225}{227}$	0.076 7	0.084 5	138	152	
	Ⅳ	456	–	–	$\dfrac{100}{104}$	$\dfrac{210}{212}$	0.035 8	0.039 5	64.5	71.1	10
	Ⅵ	444	–	–	$\dfrac{100}{101}$	$\dfrac{200}{206}$	0.023 2	0.025 6	41.8	46.1	
1 000	Ⅰ	801	–	–	$\dfrac{180}{183}$	$\dfrac{370}{371}$	0.252	0.277	453	499	16
	Ⅱ	770	–	–	$\dfrac{175}{176}$	$\dfrac{350}{356}$	0.121	0.133	218	240	
	Ⅳ	758	–	–	$\dfrac{170}{173}$	$\dfrac{350}{352}$	0.059 5	0.065 6	107	118	25
	Ⅵ	750	–	–	$\dfrac{170}{171}$	$\dfrac{350}{348}$	0.039 3	0.043 3	70.7	77.9	

注　①传热面积计算公式为 $A = \pi d_0 (L - 0.1) N_t$。其中,$A$ 为计算传热面积,m^2;d_0 为传热管外径,m;N_t 为传热管数量。

②通道截面积按各程平均值计算。

③介质为 20℃ 的水,在 $\phi 15 \times 2.5$(mm) 的管内,流速为 0.5 m/s,就已达到湍流状态。

④折流板间距一般在 100~600 mm,最大不超过换热器壳径,最小不低于 50 mm。

⑤1 $kgf/cm^2 = 98$ kPa

表 4-14　　　　　　　　　　浮头式管壳换热器工艺参数(摘录)

型号全名 系① 壳 面 程② 压 力 程数 列 径 积	实际面积 A/m^2	管子数 N_T	管长 L/m	管程 S_i	壳程 S_0	折流板总数 N_b	圆缺高
F_A-400-25-40-2	24	138	3	0.012 2			19.8%
B=150						16	
200						13	
300						10	
16-2	131③	372	6	0.032 8			19.8%
F_A-600-130-25-(4)		(368)		(0.016 2)			
40							
B=150						35	
200						27	
300						19	
480						13	
16-2	245	700	6	0.061 8			21.6%
F_A-800-245-25-(4)		(696)		(0.030 7)			
B=150						34	
200						27	
300						19	
450						14	
16-2	97	208	6	0.032 65			19.8%
F_B-600-95-25-(4)		(192)		(0.015 1)			
40							
B=150						32	
200						24	
300						16	
480						10	
10-2	182④	388	6	0.060 9			19.6%
F_B-800-180-16-(4)		(384)		(0.030 2)			
25							
B=150						35	
200						28	
300						20	
450						15	
F-600-130-$\dfrac{25}{40}$-$\dfrac{2}{2(4)}$	131 (129)	372 (368)	6	0.032 8 (0.016 2)			19.6%
B=150						70	
200						54	
300						38	
480						26	
F-1000-410-$\dfrac{16}{25}$-$\dfrac{2}{(4)}$	413	(1 180)	6	(0.052 1)			21%
B=200						56	
300						40	
480						28	

注:①F_A 系指 $\phi 19 \times 2$(mm)的管子,正三角形排列,管心距为 25 mm 的系列。

　　F_B 系指 $\phi 25 \times 2.5$(mm)的管子,正方形斜转 45° 排列,管心距为 32 mm 的系列。F 与 F_A 同,但为双管程。

②四管程的用括号注明,以便与两管程相区别。F 系列型号中最后一项,分子表示壳程数,分母表示管程数。

③公称压力 p_g=16,40,四管程的实际面积为 129 m^2。

④公称压力 $p_g = 25$，其实际面积为 $180\ \mathrm{m}^2$。

表 4-15　　　　　　　　固定式换热器管板尺寸(mm)(摘录)

公称直径 D_g/mm	D	D_1	D_2	D_3	D_4	$D_5=D_6$	D_7	b	b_1	C	d	螺栓孔数 n	质量/kg				
													单管程	二管程	四管程	六管程	再沸器
$p_g = 5.88\ \mathrm{MPa}$																	
800	930	890	790	798	–	800	850	32	–	10	23	32	102	103	107	108	91.5
1 000	1 130	1 090	990	998	–	1 000	1 050	36	–	12	23	36	138	142	145	146	139
1 200	1 130	1 290	1 190	1 198	–	1 200	1 250	40	–	12	23	44	–	–	–	–	219
1 400	1 530	1 490	1 390	1 398	–	1 400	1 450	40	–	12	23	52	–	–	–	–	278
1 600	1 730	1 690	1 590	1 598	–	1 600	1 650	44	–	12	23	60	–	–	–	–	386
1 800	1 960	1 910	1 790	1 798	–	1 800	1 850	50	–	14	27	64	–	–	–	–	597
$p_g = 9.8\ \mathrm{MPa}$																	
400	515	480	390	398	438	400	–	30	–	10	18	20	–	–	–	–	31.4
600	730	690	590	598	643	600	–	36	–	10	23	28	75	77	79	–	72.4
800	930	890	790	798	843	800	–	40	–	10	23	36	128	180	136	137	129
1 000	1 130	1 090	990	998	1 043	1 000	–	44	–	12	23	44	200	205	209	210	193
1 200	1 360	1 310	1 190	1 198	1 252	1 200	–	48	–	12	27	44	–	–	–	–	310
1 400	1 560	1 510	1 390	1 398	1 452	1 400	–	50	–	12	27	52	–	–	–	–	409
1 600	1 760	1 710	1 590	1 598	1 652	1 600	–	56	–	14	27	60	–	–	–	–	526
1 800	1 960	1 910	1 790	1 790	1 852	1 800	–	60	–	14	27	68	–	–	–	–	702

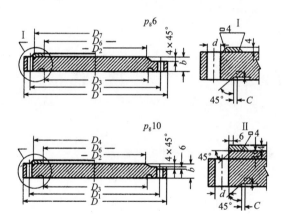

第 5 章

塔设备的设计

5.1	概　述

5.1.1　塔设备的类型

　　塔设备是化工、石油化工、生物化工、制药等生产过程中广泛采用的传质设备。根据塔内气液接触构件的结构形式,可分为板式塔和填料塔两大类。

　　板式塔内设置一定数量的塔板,气体以鼓泡或喷射形式穿过板上的液层,进行传质与传热。在正常操作下,气相为分散相,液相为连续相,气相组成呈阶梯变化,属逐级接触逆流操作过程。

　　填料塔内装有一定高度的填料层,液体自塔顶沿填料表面下流,气体逆流向上(有时也采用并流向下)流动,气液两相密切接触进行传质与传热。在正常操作状况下,气相为连续相,液相为分散相,气相组成呈连续变化,属微分接触逆流操作过程。

5.1.2 板式塔与填料塔的比较及选型

1. 板式塔与填料塔的比较

工业上评价塔设备的性能指标主要有以下几个方面：①生产能力；②分离效率；③塔压降；④操作弹性；⑤结构、制造及造价等。现就板式塔与填料塔的性能比较如下。

(1)生产能力

板式塔与填料塔的液体流动和传质机理不同。板式塔的传质是通过上升气体穿过板上的液层来实现,塔板的开孔率一般占塔截面积的 7%～10%;而填料塔的传质是通过上升气体和靠重力沿填料表面下降的液体接触实现。填料塔内件的开孔率通常在 50%以上,而填料层的空隙率则超过 90%,一般液泛点较高,故单位塔截面积上填料塔的生产能力一般均高于板式塔。

(2)分离效率

一般情况下,填料塔具有较高的分离效率。工业上常用填料塔每米理论板级为 2～8级。而常用的板式塔,每米理论板最多不超过 2 级。研究表明,在压力小于 0.3 MPa 时,填料塔的分离效率明显优于板式塔,在高压下,板式塔的分离效率略优于填料塔。

(3)塔压降

填料塔由于空隙率高,故其压降远远小于板式塔。一般情况下,板式塔每个理论级的压降为 0.4～1.1 kPa,填料塔为 0.01～0.27 kPa。通常,板式塔的压降高于填料塔的 5倍左右。压降低不仅能降低操作费用,节约能耗,对于精馏过程,还可使塔釜温度降低,有利于热敏性物系的分离。

(4)操作弹性

一般来说,填料本身对气液负荷变化的适应性很大,故填料塔的操作弹性取决于塔内件的设计,特别是液体分布器的设计,因而可根据实际需要确定填料塔的操作弹性。而板式塔的操作弹性则受到塔板液泛、液沫夹带及降液管能力的限制,一般操作弹性较小。

(5)结构、制造及造价等

一般来说,填料塔的结构较板式塔简单,故制造、维修也较为方便,但填料塔的造价通常高于板式塔。

应予指出,填料塔的持液量小于板式塔。持液量大,可使塔的操作平稳,不易引起产品的迅速变化,故板式塔较填料塔更易于操作。板式塔容易实现侧线进料和出料,而填料塔对侧线进料和出料等复杂情况不太适合。对于比表面积较大的高性能填料,填料层容易堵塞,故填料塔不宜直接处理有悬浮物或容易聚合的物料。

2. 塔设备的选型

工业上,塔设备主要用于蒸馏和吸收传质单元操作过程。传统的设计中,蒸馏过程多选用板式塔,而吸收过程多选用填料塔。近年来,随着塔设备设计水平的提高及新型塔构件的出现,上述传统已逐渐打破。在蒸馏过程中采用填料塔及在吸收过程中采用板式塔已有不少应用范例,尤其是填料塔在精馏过程中的应用已非常普遍。

对于一个具体的分离过程,设计中选择何种塔型,应根据生产能力、分离效率、塔压降、操作弹性等要求,并结合制造、维修、造价等因素综合考虑。例如:

(1)对于热敏性物系的分离,要求塔压降尽可能低,选用填料塔较为适宜;

(2)对于有侧线进料和出料的工艺过程,选用板式塔较为适宜;

(3)对于有悬浮物或容易聚合物系的分离,为防止堵塞,宜选用板式塔;

(4)对于液体喷淋密度极小的工艺过程,若采用填料塔,填料层得不到充分润湿,使其分离效率明显下降,故宜选用板式塔;

(5)对于易发泡物系的分离,因填料层具有破碎泡沫的作用,宜选用填料塔。

5.2　板式塔的设计

板式塔的类型很多,但其设计原则基本相同。一般来说,板式塔的设计步骤大致如下:

①设计方案的确定;

②塔板类型的选择;

③板式塔的塔体工艺尺寸计算;

④板式塔的塔板工艺尺寸计算;

⑤流体力学验算;

⑥塔板的负荷性能图;

⑦板式塔的结构与附属设备。

5.2.1　设计方案的确定

1. 装置流程的确定

蒸馏装置包括精馏塔、原料预热器,蒸馏釜(再沸器)、冷凝器、釜液冷却器和产品冷却器等设备。蒸馏过程按操作方式的不同,分为连续蒸馏和间歇蒸馏两种流程。连续蒸馏具有生产能力大、产品质量稳定等优点,工业生产中以连续蒸馏为主。间歇蒸馏具有操作灵活、适应性强等优点,适合小规模、多品种或多组分物系的初步分离。

蒸馏通过物料在塔内的多次部分汽化与多次部分冷凝实现分离,热量自塔釜输入,由冷凝器和冷却器中的冷却介质将余热带走。在此过程中,热能利用率很低,为此,在确定装置流程时应考虑余热的利用。譬如,用原料作为塔顶产品(或釜液产品)冷却器的冷却介质,既可将原料预热,又可节约冷却介质。

另外,为保持塔的操作稳定性,流程中除用泵直接送入塔原料外也可采用高位槽送料,以免受泵操作波动的影响。

塔顶冷凝装置可采用全凝器、分凝器两种不同的设置。工业上以采用全凝器为主,以便于准确地控制回流比。塔顶分凝器对上升蒸气有一定的增浓作用,若后继装置使用气态物料,则宜用分凝器。

总之,确定流程时要较全面、合理地兼顾设备、操作费用、操作控制及安全诸因素。

2. 操作压力的选择

蒸馏过程按操作压力不同,分为常压蒸馏、减压蒸馏和加压蒸馏。一般地,除热敏性物系外,凡通过常压蒸馏能够实现分离要求,并能用江河水或循环水将馏出物冷凝下来的物系,都应采用常压蒸馏;对热敏性物系或者混合物泡点过高的物系,则宜采用减压蒸馏;对常压下馏出物冷凝温度过低的物系,需提高塔压或者采用深井水、冷冻盐水作为冷却剂;而常压下呈气态的物系必须采用加压蒸馏。例如,苯乙烯常压沸点为 145.2 ℃,而将其加热到 102 ℃以上就会发生聚合,故苯乙烯应采用减压蒸馏;脱丙烷塔操作压力提高到1765 kPa 时,冷凝温度约为 50 ℃,便可用江河水或者循环水进行冷却,则运转费用减少;石油气常压呈气态,必须采用加压蒸馏。

3. 进料热状况的选择

蒸馏操作有五种进料热状况,进料热状况不同,影响塔内各层塔板的气、液相负荷。工业上多采用接近泡点的液体进料和饱和液体(泡点)进料,通常用釜残液预热原料。若工艺要求减少塔釜的加热量,以避免釜温过高,料液产生聚合或结焦,则应采用气态进料。

4. 加热方式的选择

蒸馏大多采用间接蒸汽加热,设置再沸器。有时也可采用直接蒸汽加热,例如,蒸馏釜残液中的主要组分是水,且在低浓度下轻组分的相对挥发度较大时(如乙醇与水混合液)宜用直接蒸汽加热,其优点是可以利用压力较低的加热蒸汽以节省操作费用,并省掉间接加热设备。但由于直接蒸汽的加入,对釜内溶液起一定稀释作用,在进料条件和产品纯度、轻组分收率一定的前提下,釜液浓度相应降低,故需要在提馏段增加塔板以达到生产要求。

5. 回流比的选择

回流比是精馏操作的重要工艺条件,其选择的原则是使设备费和操作费用之和最低。设计时,应根据实际需要选定回流比,也可参考同类生产的经验值选定。必要时可选用若

干个 R 值,利用吉利兰图(简捷法)求出对应理论板数 N,作出 N-R 曲线,从中找出适宜操作回流比 R,也可作出 R 对精馏操作费用的关系线,从中确定适宜回流比 R。

5.2.2 塔板的类型与选择

塔板是板式塔的主要构件,分为错流式塔板和逆流式塔板两类,工业应用以错流式塔板为主,常用的错流式塔板主要有下列几种。

1. 泡罩塔板

泡罩塔板是工业上应用最早的塔板,其主要元件为升气管及泡罩。泡罩安装在升气管的顶部,分圆形和条形两种,国内应用较多的是圆形泡罩。泡罩尺寸分为 80 mm、100 mm、150 mm 三种,可根据塔径的大小选择。通常塔径小于 1 000 mm,选用 80 mm 的泡罩;塔径大于 2 000 mm,选用 150 mm 的泡罩。

泡罩塔板的主要优点是操作弹性较大,液气比范围大,不易堵塞,适于处理各种物料,操作稳定可靠。其缺点是结构复杂,造价高;板上液层厚,塔板压降大,生产能力及板效率较低。近年来,泡罩塔板已逐渐被筛板、浮阀塔板所取代。在设计中除特殊需要(如分离黏度大、易结焦等物系)外一般不宜选用。

2. 筛孔塔板

筛孔塔板简称筛板,结构特点为塔板上开有许多均匀的小孔。根据孔径的大小,分为小孔径筛板(孔径为 3~8 mm)和大孔径筛板(孔径为 10~25 mm)两类。工业应用中以小孔径筛板为主,大孔径筛板多用于某些特殊场合(如分离黏度大、易结焦的物系)。

筛板的优点是结构简单,造价低;板上液面落差小,气体压降低,生产能力较大;气体分散均匀,传质效率较高。其缺点是筛孔易堵塞,不宜处理易结焦、黏度大的物料。

应予指出,尽管筛板传质效率高,但若设计和操作不当,易产生漏液,使得操作弹性减小,传质效率下降,故过去工业上应用较为谨慎。近年来,由于设计和控制水平的不断提高,可使筛板的操作非常精确,弥补了上述不足,故应用日趋广泛。在确保精确设计和采用先进控制手段的前提下,设计中可大胆选用。

3. 浮阀塔板

浮阀塔板是在泡罩塔板和筛孔塔板的基础上发展起来的,它吸收了两种塔板的优点。

其结构特点是在塔板上开有若干个阀孔,每个阀孔装有一个可以上下浮动的阀片。气流从浮阀周边水平地进入塔板上液层,浮阀可根据气流流量的大小而上下浮动,自行调节。浮阀的类型有很多,国内常用的有 F1 型、V-4 型及 T 型等,其中以 F1 型浮阀应用最为普遍。

浮阀塔板的优点是结构简单、制造方便、造价低;塔板开孔率大,生产能力大;由于阀片可随气量变化自由升降,故操作弹性大;因上升气流水平吹入液层,气液接触时间较长,故塔板效率较高。其缺点是处理易结焦、高黏度的物料时,阀片易与塔板黏结;在操作过程中有时会发生阀片脱落或卡死等现象,使塔板效率和操作弹性下降。

应予指出,以上介绍的仅是几种较为典型的浮阀形式。由于浮阀具有生产能力大、操作弹性大及塔板效率高等优点,且加工方便,故有关浮阀塔板的研究开发远较其他型式的塔板广泛,是目前新型塔板研究开发的主要方向。近年来研究开发出的新型浮阀有船形浮阀、管形浮阀、梯形浮阀、双层浮阀、V-V 浮阀、混合浮阀等,其共同的特点是加强了流体的导向作用和气体的分散作用,使气液两相的流动更趋于合理,操作弹性和塔板效率得到进一步的提高。但应指出,在工业应用中,目前还多采用 F1 型浮阀,其原因是 F1 型浮阀已有系列化标准,各种设计数据完善,便于设计和对比。而采用新型浮阀,设计数据不够完善,给设计带来一定的困难,但随着新型浮阀性能测定数据的不断发表及工业应用的增加,其设计数据会逐步完善,在有较完善的数据下,设计中可选用新型浮阀。

5.2.3 板式塔的塔体工艺尺寸计算

板式塔的塔体工艺尺寸包括塔体的有效高度和塔径。

1. 塔的有效高度计算

(1)基本计算公式

板式塔的有效高度是指安装塔板部分的高度,可按下式计算:

$$Z = \left(\frac{N_T}{E_T} - 1\right) H_T \tag{5-1}$$

式中　Z——板式塔的有效高度,m;

　　　N_T——塔内所需的理论板层数;

　　　E_T——总板效率;

　　　H_T——塔板间距,m。

(2)理论板层数的计算

对给定的设计任务,当分离要求和操作条件确定后,所需的理论板层数可采用逐板计算法或图解法求得(参见《化工传质与分离过程》教材的"蒸馏"部分)。

近年来,已开发出许多用于精馏过程模拟计算的软件,设计中常用的有 ASPEN、PRO/Ⅱ等。这些模拟软件虽有各自的特点,但其模拟计算的原理基本相同,即采用不同的数学方法,联立求解物料衡算方程(M 方程)、相平衡方程(E 方程)、热量衡算方程(H方程)及组成加和方程(S 方程),简称 MEHS 方程组。在 ASPEN、PRO/Ⅱ等软件包中,存储了大量物系的物性参数及气液平衡数据,对缺乏数据的物系,可通过软件包内的计算模块,利用一定的算法,求出相关的参数。设计中,给定相应的设计参数,通过模拟计算,即可获得所需的理论板层数,进料板位置,各层理论板的气液相负荷、气液相密度、气液相黏度,各层理论板的温度与压力等,计算快捷准确。

(3)塔板间距的确定

塔板间距的选取与塔高、塔径、物系性质、分离效率、操作弹性以及塔的安装、检修等因素有关。设计时通常根据塔径的大小,参考表 5-1 列出的塔板间距的经验数值选取。

表 5-1 塔板间距与塔径的关系

塔径 D/m	塔板间距 H_T/mm	塔径 D/m	塔板间距 H_T/mm
0.3~0.5	200~300	1.6~2.0	450~600
0.5~0.8	300~500	2.0~2.4	600~800
0.8~1.6	350~450	>2.4	≥800

选取塔板间距时,还要考虑实际情况。例如,塔板层数很多时,宜选用较小的板间距,适当加大塔径以降低塔的高度;塔内各段负荷差别较大时,也可采用不同的板间距以保持塔径的一致;对易发泡的物系,板间距应取大些,以保证塔的分离效果;对生产负荷波动较大的场合,也需加大板间距以提高操作弹性。在设计中,有时需反复调整,选定适宜的板间距。

塔板间距的数值应按系列标准选取,常用的塔板间距有 300 mm、350 mm、400 mm、450 mm、500 mm、600 mm、800 mm 等几种系列标准。板间距的确定除考虑上述因素外,还应考虑安装、检修的需要。例如在塔体的人孔处,应采用较大的板间距,一般不低于 600 mm。

2. 塔径的计算

板式塔的塔径依据流量公式计算,即

$$D=\sqrt{\frac{4V_s}{\pi u}} \tag{5-2}$$

式中　D——塔径,m;

V_s——气体体积流量,$\mathrm{m^3/s}$;

u——空塔气速,m/s。

由式(5-2)可知,计算塔径的关键是计算空塔气速 u。设计中,空塔气速 u 的计算方法是,先求得最大空塔气速 $u_{\max}$,然后根据设计经验,乘以一定的安全系数,即

$$u=(0.6\sim0.8)u_{\max} \tag{5-3}$$

安全系数的选取与分离物系的发泡程度密切相关。对不易发泡的物系,可取较高的安全系数,对易发泡的物系,应取较低的安全系数。

最大空塔气速 $u_{\max}$ 可依据悬浮液滴沉降原理导出,其结果为

$$u_{\max}=C\sqrt{\frac{\rho_L-\rho_V}{\rho_V}} \tag{5-4}$$

式中　ρ_L——液体密度,$\mathrm{kg/m^3}$;

ρ_V——气体密度,$\mathrm{kg/m^3}$;

C——负荷因子,m/s。

负荷因子 C 值与气液负荷、物性及塔板结构有关,一般由实验确定。史密斯(Smith)等汇集了若干泡罩、筛板和浮阀塔的数据,整理成负荷因子与诸影响因素间的关系曲线,如图 5-1 所示。

图中横坐标为无因次比值,称为液气动能参数,它反映液、气两相的负荷与密度对负荷因子的影响;纵坐标 C_{20} 为物系表面张力为 20 mN/m 的负荷系数;参数 $H_T - h_L$ 反映液滴沉降空间高度对负荷因子的影响。

设计中,板上液层高度 h_L 由设计者选定。对常压塔一般取 0.05~0.08 m;对减压塔一般取 0.025~0.03 m。

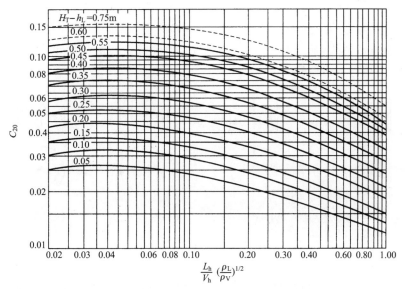

V_h、L_h—塔内气、液两相的体积流量,m³/h;ρ_V、ρ_L—塔内气、液两相的密度,kg/m³;

H_T—塔板间距,m;h_L—塔上液层高度,m

图 5-1 史密斯关联图

图 5-1 是按液体表面张力 $\sigma_L = 20$ mN/m 的物系绘制的,当所处理的物系表面张力为其他值,应按下式进行校正,即

$$C = C_{20}\left(\frac{\sigma_L}{20}\right)^{0.2} \tag{5-5}$$

由式(5-2)计算出塔径 D 后,还应按塔径系列标准进行圆整。常用的标准塔径为:400 mm、500 mm、600 mm、700 mm、800 mm、1 000 mm、1 200 mm、1 400 mm、1 600 mm、2 000 mm、2 200 mm 等。

以上算出的塔径只是初估值,还要根据流体力学原则进行验算。另外,对于精馏过程,精馏段和提馏段的气、液相负荷及物性数据是不同的,故设计中两段的塔径应分别计算,若二者相差不大,应取较大者作为塔径,若二者相差较大,应采用变径塔。

5.2.4　板式塔的塔板工艺尺寸计算

1.溢流装置的设计

板式塔的溢流装置包括溢流堰、降液管和受液盘等部分,其结构和尺寸对塔的性能有着重要的影响。

(1)降液管的类型与溢流方式

①降液管的类型

降液管是塔板间流体流动的通道,也是使溢流液中所夹带气体得以分离的场所。降液管有圆形与弓形两类,如图 5-2 所示。通常,圆形降液管一般只用于小直径塔,对于直径较大的塔,常用弓形降液管。

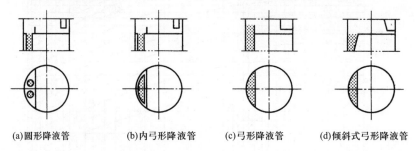

(a)圆形降液管　　　(b)内弓形降液管　　　(c)弓形降液管　　　(d)倾斜式弓形降液管

图 5-2　降液管的类型

②溢流方式

溢流方式与降液管的布置有关。常用的降液管布置方式有 U 型流、单溢流、双溢流及阶梯式双溢流等,如图 5-3 所示。U 型流也称回转流。其结构是将弓形降液管用挡板隔成两半,一半做受液盘,另一半做降液管,降液和受液装置安排在同一侧。此种溢流方式液体流径长,可以提高板效率,其板面利用率也高,但它的液面落差大,只适用于小塔及液体流量小的场合。

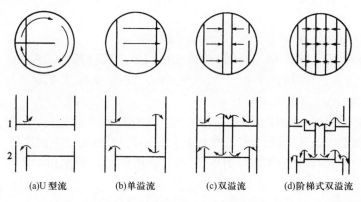

(a)U 型流　　　(b)单溢流　　　(c)双溢流　　　(d)阶梯式双溢流

图 5-3　塔板溢流类型

单溢流又称直径流。液体自受液盘横向流过塔板至溢流堰。此种溢流方式液体流径较长,塔板效率较高,塔板结构简单,加工方便,在直径小于 2.2 m 的塔中被广泛使用。

双溢流又称半径流。其结构是降液管交替设在塔截面的中部和两侧,来自上层塔板的液体分别从两侧的降液管进入塔板,横过半块塔板而进入中部降液管,到下层塔板则液体由中央向两侧流动。此种溢流方式的优点是液体流动的路程短,可降低液面落差,但塔板结构复杂,板面利用率低,一般用于直径大于 2 m 的塔中。

阶梯式双溢流的塔板做成阶梯型式,每一阶梯均有溢流。此种溢流方式可在不缩短液体流径的情况下减小液面落差。这种塔板结构最为复杂,只适用于塔径很大、液流量很大的特殊场合。

溢流类型与液体负荷及塔径有关。表 5-2 列出了溢流类型与液体负荷及塔径的经验关系,可供设计时参考。

表 5-2 溢流类型与液体流量及塔径的关系

塔径 D/mm	液体流量 L_h/(m³/h)			
	U 型流	单溢流	双溢流	阶梯式双溢流
600	<5	5~25		
800	<7	7~50		
1000	<7	<45		
1400	<9	<70		
2000	<11	<90	90~160	
3000	<11	<110	110~200	200~300
4000	<11	<110	110~230	230~350
5000	<11	<110	110~250	250~400
6000	<11	<110	110~250	250~450
应用场合	用于较低液气比	一般场合	用于高液气比或大型塔板	用于极高液气比或超大型塔板

(2)溢流装置的设计计算

为维持塔板上有一定高度的流动液层,必须设置溢流装置。溢流装置的设计包括堰长 l_w,堰高 h_w,弓形降液管的宽度 W_d、截面积 A_f,降液管底隙高度 h_0,进口堰的高度 h'_w 与降液管间的水平距离 h_1 等,如图 5-4 所示。

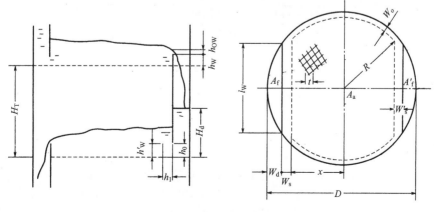

图 5-4 塔板的结构参数

①溢流堰(出口堰)

将降液管的上端高出塔板板面,即形成溢流堰。溢流堰板的形状有平直形与齿形两种,设计中一般采用平直形溢流堰板。

a.堰长。弓形降液管的弦长称为堰长,以 l_W 表示。堰长 l_W 一般根据经验确定,对于常用的弓形降液管:

单溢流:　　　　　　　　　　$l_W = (0.6 \sim 0.8)D$

双溢流:　　　　　　　　　　$l_W = (0.5 \sim 0.6)D$

式中　D——塔内径,m。

b.堰高。降液管端面高出塔板板面的距离,称为堰高,以 h_W 表示。堰高与板上清液层高度及堰上液层高度的关系为

$$h_L = h_W + h_{OW} \tag{5-6}$$

式中　h_L——板上清液层高度,m;

　　h_{OW}——堰上液层高度,m。

设计时,一般应保持塔板上清液层高度在 $50 \sim 100$ mm,于是,堰高 h_W 可由板上清液层高度及堰上液层高度而定。堰上液层高度对塔板的操作性能有很大的影响。堰上液层高度太小,会造成液体在堰上分布不均,影响传质效果,设计时应使堰上液层高度大于 6 mm,若小于此值须采用齿形堰;堰上液层高度太大,会增大塔板压降及液沫夹带量。一般设计时 h_{OW} 不宜大于 $60 \sim 70$ mm,超过此值时可改用双溢流型式。

对于平直堰,堰上液层高度 h_{OW} 可用弗兰西斯(Francis)公式计算,即

$$h_{OW} = \frac{2.84}{1\,000} E \left(\frac{L_h}{l_W} \right)^{2/3} \tag{5-7}$$

式中　L_h——塔内液体流量,m³/h;

　　E——液流收缩系数,由图 5-5 查得。

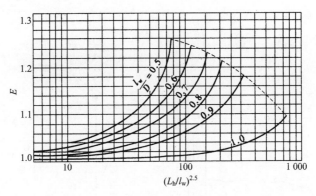

图 5-5　液流收缩系数计算图

根据设计经验,取 $E = 1$ 时所引起的误差能满足工程设计要求。当 $E = 1$ 时,由式(5-7)可看出,h_{OW} 仅与 L_h 及 l_W 有关,于是可用图 5-6 所示的列线图求出 h_{OW}。

求出 h_{OW} 后,即可按下式范围确定 h_W:

$$0.05-h_{OW} \leqslant h_W \leqslant 0.1-h_{OW} \tag{5-8}$$

在工业塔中,堰高 h_W 一般为 $0.04 \sim 0.05$ m;减压塔为 $0.015 \sim 0.025$ m;加压塔为 $0.04 \sim 0.08$ m,一般不宜超过 0.1 m。

②降液管

工业中以弓形降液管应用为主,故此处只讨论弓形降液管的设计。

a.弓形降液管的宽度及截面积。弓形降液管的宽度用 W_d 表示,截面积用 A_f 表示,设计中可根据堰长与塔径之比 l_W/D 由图 5-7 查得。

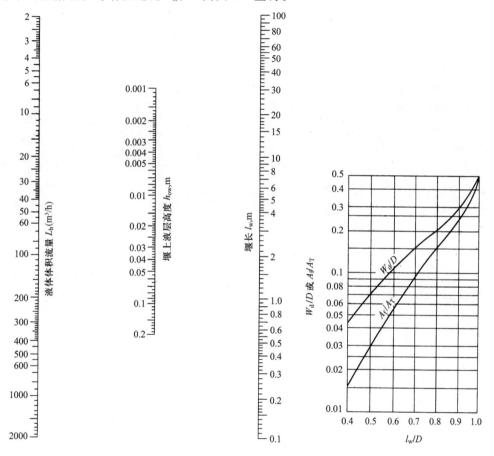

图 5-6　求 h_{OW} 的列线图　　　　　　　　　图 5-7　弓形降液管的参数

为使液体中夹带的气泡得以分离,液体在降液管内应有足够的停留时间。由实践经验可知,液体在降液管内的停留时间不应小于 $3 \sim 5$ s,对于高压下操作的塔及易起泡的物系,停留时间应更长一些。为此,在确定降液管尺寸后,应按下式验算降液管内液体的停留时间 θ,即

$$\theta = \frac{3\,600A_f H_T}{L_h} \geqslant (3 \sim 5) \tag{5-9}$$

若不能满足式(5-9),应调整降液管尺寸或板间距,直至满足要求为止。

b.降液管底隙高度。降液管底隙高度是指降液管下端与塔板间的距离,以 h_0 表示。h_0 应低于出口堰高度 h_w,才能保证降液管底端有良好的液封,一般不应低于 6 mm,即

$$h_0 = h_w - 0.006 \tag{5-10}$$

h_0 也可按下式计算:

$$h_0 = \frac{L_h}{3\ 600\ l_w u_0'} \tag{5-11}$$

式中 u_0'——液体通过底隙时的流速,m/s。

根据经验,一般取 $u_0' = 0.07 \sim 0.25$ m/s。

降液管底隙高度一般不宜小于 $20 \sim 25$ mm,否则易于堵塞,或因安装偏差而使液流不畅,造成液泛。

③受液盘

受液盘有平受液盘和凹形受液盘两种形式,如图 5-8 所示。

平受液盘一般需在塔板上设置进口堰,以保证降液管的液封,并使液体在板上分布均匀。进口堰高度 h_w' 可按下述原则考虑:当出口堰高度 h_w 大于降液管底隙高度 h_0(一般都是这样)时,取 $h_w' = h_w$,在个别情况下 $h_w < h_0$,则应取 $h_w' > h_0$,以保证液体由降液管流出时不致受到很大阻力,进口堰与降液管间的水平距离 h_1 不应小于 h_0。

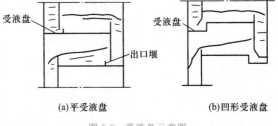

图 5-8 受液盘示意图

设置进口堰既占用板面,又易使沉淀物淤积此处造成阻塞。采用凹形受液盘不需设置进口堰。凹形受液盘既可在低液量时形成良好的液封,又有改变液体流向的缓冲作用,并便于液体从侧线抽出。对于 600 mm 以上的塔,多采用凹形受液盘。凹形受液盘的深度一般在 50 mm 以上,有侧线采出时宜取深些。凹形受液盘不适于易聚合及有悬浮固体的情况,否则易造成死角而堵塞。

2.塔板设计

塔板具有不同的类型,不同类型塔板的设计原则虽基本相同,但又有所不同,现对筛板的设计方法进行讨论。

(1)塔板布置

塔板板面根据所起作用不同分为 4 个区域,如图 5-4 所示。

①开孔区

图 5-4 中虚线以内的区域为布置筛孔的有效传质区,亦称鼓泡区。开孔区面积以 A_a 表示,对单溢流型塔板,开孔区面积可用下式计算:

$$A_a = 2\left(x\sqrt{r^2 - x^2} + \frac{\pi r^2}{180}\arcsin\frac{x}{r}\right) \tag{5-12}$$

式中 $x = \frac{D}{2} - (W_d + W_s)$,m;

$$r = \frac{D}{2} - W_c, \text{m};$$

$\arcsin \dfrac{x}{r}$——以角度表示的反正弦函数。

②溢流区

溢流区为降液管及受液盘所占的区域,其中降液管所占面积用 A_f 表示,受液盘所占面积用 A_f' 表示。

③安定区

开孔区与溢流区之间的不开孔区域称为安定区,也称破沫区。溢流堰前的安定区宽度为 W_s,其作用是在液体进入降液管之前有一段不鼓泡的安定地带,以免液体大量夹带气泡进入降液管;进口堰后的安定区宽度为 W_s',其作用是在液体入口处,由于板上液面落差,液层较厚,有一段不开孔的安全地带,可减少漏液量。

溢流堰前的安定区宽度: $\quad W_s = 70 \sim 100 \text{ mm}$

进口堰后的安定区宽度: $\quad W_s' = 50 \sim 100 \text{ mm}$

对小直径的塔($D < 1$ m),因塔板面积小,安定区要相应减小。

④无效区

在靠近塔壁的一圈边缘区域供支持塔板的边梁之用,称为无效区,也称边缘区。其宽度 W_c 视塔板的支承需要而定,小塔一般为 $30 \sim 50$ mm,大塔一般为 $50 \sim 70$ mm。为防止液体经无效区流过而产生短路现象,可在塔板上沿塔壁设置挡板。

为便于设计及加工,塔板的结构参数已逐渐系列化。

(2)筛孔的计算及其排列

①筛孔直径

筛孔直径 d_0 的选取与塔的操作性能要求、物系性质、塔板厚度、加工要求等有关,是影响气相分散和气液接触的重要工艺尺寸。按设计经验,表面张力为正的物系,可采用 d_0 为 $3 \sim 8$ mm(常用 $4 \sim 5$ mm)的小孔径筛板;表面张力为负的物系或易堵塞物系,可采用 d_0 为 $10 \sim 25$ mm 的大孔径筛板。近年来,随着设计水平的提高和操作经验的积累,采用大孔径筛板逐渐增多,大孔径筛板加工简单、造价低,且不易堵塞,只要设计合理,操作得当,仍可获得满意的分离效果。

②筛板厚度

筛孔的加工一般采用冲压法,故确定筛板厚度应根据筛孔直径的大小,考虑加工的可能性。对于碳钢塔板,板厚 δ 为 $3 \sim 4$ mm,孔径 d_0 应不小于 δ;对于不锈钢塔板,δ 为 $2 \sim 2.5$ mm,d_0 应不小于 $(1.5 \sim 2)\delta$。

③孔中心距

相邻两筛孔中心的距离称为孔中心距,以 t 表示。t 一般为 $(2.5 \sim 5)d_0$,t/d_0 过小易使气流相互干扰,过大则鼓泡不均匀,都会影响传质效率。设计推荐值为 $t/d_0 = 3 \sim 4$。

④筛孔的排列与筛孔数

设计时,筛孔按正三角形排列,如图 5-9 所示。当采用正三角形排列时,筛孔的数目 n 可按下式计算:

$$n = \frac{1.155 A_{\mathrm{a}}}{t^2} \tag{5-13}$$

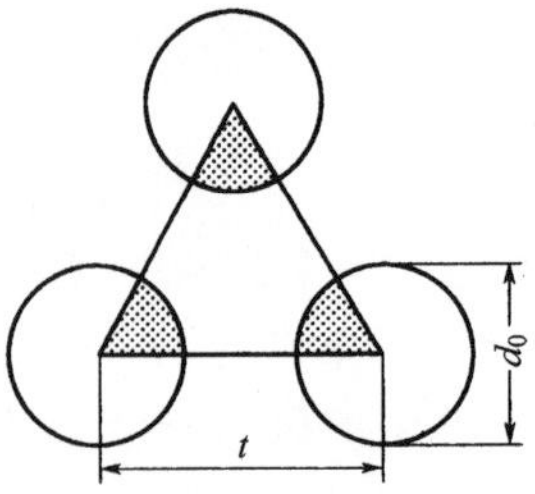

⑤开孔率

筛板上筛孔总面积 A_0 与开孔区面积 A_{a} 的比值称为开孔率 φ,

$$\varphi = \frac{A_0}{A_{\mathrm{a}}} \times 100\% \tag{5-14}$$

图 5-9　筛孔的正三角形排列

筛孔按正三角形排列时,可以导出

$$\varphi = \frac{A_0}{A_{\mathrm{a}}} = 0.907 \left(\frac{d_0}{t} \right)^2 \tag{5-15}$$

按上述方法求出筛孔的直径 d_0、筛孔数目 n 后,还需通过流体力学验算,检验是否合理,若不合理需进行调整。

5.2.5　筛板的流体力学验算

筛板流体力学验算的目的在于检验初步设计的塔板计算是否合理,塔板能否正常操作。

验算内容有以下几项:塔板压降、液面落差、液沫夹带、漏液及液泛等。

1. 塔板压降

气体通过筛板时,需克服筛板本身的干板阻力、板上充气液层的阻力及液体表面张力造成的阻力,这些阻力即形成了筛板的压降。气体通过筛板的压降 Δp_{p} 可由下式计算

$$\Delta p_{\mathrm{p}} = h_{\mathrm{p}} \rho_{\mathrm{L}} g \tag{5-16}$$

式(5-16)中的液柱高度 h_{p} 可按下式计算,即

$$h_{\mathrm{p}} = h_{\mathrm{c}} + h_1 + h_\sigma \tag{5-17}$$

式中　h_{c} ——与气体通过筛板的干板压降相当的液柱高度,m 液柱;

　　　h_1 ——与气体通过板上液层的压降相当的液柱高度,m 液柱;

　　　h_σ ——与克服液体表面张力的压降相当的液柱高度,m 液柱。

(1)干板阻力

干板阻力 h_{c} 可按以下经验公式估算,即

$$h_{\mathrm{c}} = 0.051 \left(\frac{u_0}{c_0} \right)^2 \left(\frac{\rho_{\mathrm{V}}}{\rho_{\mathrm{L}}} \right) \left[1 - \left(\frac{A_0}{A_{\mathrm{a}}} \right)^2 \right] \tag{5-18}$$

式中　u_0 ——气体通过筛孔的速度,m/s;

　　　c_0 ——流量系数。

通常,筛板的开孔率 $\varphi \leqslant 15\%$,故式(5-18)可简化为

$$h_{\mathrm{c}} = 0.051 \left(\frac{u_0}{c_0} \right)^2 \left(\frac{\rho_{\mathrm{V}}}{\rho_{\mathrm{L}}} \right) \tag{5-19}$$

流量系数的求取方法较多,当 $d_0 < 10$ mm 时,其值可由图 5-10 直接查出。当 $d_0 \geqslant 10$ mm 时,由图 5-10 查得 c_0 后再乘以校正系数 1.15。

（2）气体通过液层的阻力

气体通过液层的阻力 h_1 与板上清液层的高度 h_L 及气泡的状况等因素有关,其计算方法很多,设计中常采用下式估算

$$h_1 = \beta h_L = \beta(h_w + h_{ow}) \tag{5-20}$$

式中　β——充气系数,反映板上液层的充气程度,其值可从图 5-11 查取。通常可取 $\beta = 0.5 \sim 0.6$。

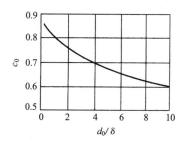

图 5-10　干筛孔的流量系数

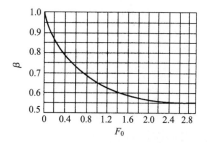

图 5-11　充气系数关联图

图 5-11 中 F_0 为气相动能因子,其定义式为

$$F_0 = u_a \sqrt{\rho_V} \tag{5-21}$$

$$u_a = \frac{V_s}{A_T - A_f} \quad \text{(单溢流板)} \tag{5-22}$$

式中　F_0——气相动能因子,$kg^{1/2}/(s \cdot m^{1/2})$;

　　　u_a——通过有效传质区的气速,m/s;

　　　A_T——塔截面积,m^2。

（3）液体表面张力的阻力

液体表面张力的阻力 h_σ 可由下式估算:

$$h_\sigma = \frac{4\sigma_L}{\rho_L g d_0} \tag{5-23}$$

式中　σ_L——液体的表面张力,N/m。

由以上各式分别求出 h_c、h_1 及 h_σ 后,即可计算出气体通过筛板的压降 Δp_p,该计算值应低于设计允许值。

2. 液面落差

当液体横向流过塔板时,为克服板上的摩擦阻力和板上构件的局部阻力,需要一定的液位差,此即液面落差。筛板上由于没有突起的气液接触构件,故液面落差较小。在正常的液体流量范围内,对于 $D \leqslant 1\,600\ mm$ 的筛板,液面落差可忽略不计。对于液体流量很大及 $D \geqslant 2\,000\ mm$ 的筛板,需要考虑液面落差的影响。

3. 液沫夹带

液沫夹带造成液相在塔板间的返混,严重的液沫夹带会使塔板效率急剧下降,为保证塔板效率基本稳定,通常将液沫夹带量限制在一定范围内,设计中规定液沫夹带量 $e_V <$

0.1 kg 液体/kg 气体。

计算液沫夹带量的方法很多,设计中常采用如图 5-12 所示亨特关联图,图中直线部分可回归成下式

$$e_V = \frac{5.7 \times 10^{-6}}{\sigma_L} \left(\frac{u_a}{H_T - h_f} \right)^{3.2} \tag{5-24}$$

式中 h_f——塔板上鼓泡层高度,m。

根据设计经验,一般取 $h_f = 2.5 h_L$。

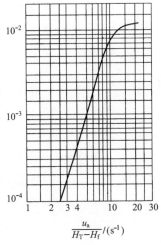

图 5-12 亨特的液沫夹带关联图

4. 漏液

当气体通过筛孔的流速较小,气体的动能不足以阻止液体向下流动时,便会发生漏液现象。根据经验,当漏液量小于塔内液流量的 10% 时对塔板效率影响不大。故漏液量等于塔内液流量的 10% 时的气速称为漏液点气速,它是塔板操作气速的下限,以 $u_{0,\min}$ 表示。

设计中可采用下式计算:

$$u_{0,\min} = 4.4 c_0 \sqrt{(0.005\ 6 + 0.13 h_L - h_\sigma) \rho_L / \rho_V} \tag{5-25}$$

当 $h_L < 30$ mm 或筛孔孔径 $d_0 < 3$ mm 时,用下式计算较适宜:

$$u_{0,\min} = 4.4 c_0 \sqrt{(0.01 + 0.13 h_L - h_\sigma) \rho_L / \rho_V} \tag{5-26}$$

因漏液量与气体通过筛孔的动能因子有关,故亦可采用动能因子计算漏液点气速:

$$u_{0,\min} = F_{0,\min} / \sqrt{\rho_V} \tag{5-27}$$

式中 $F_{0,\min}$——漏液点动能因子,$F_{0,\min}$ 值的适宜范围为 8~10。

气体通过筛孔的实际速度 u_0 与漏液点气速 $u_{0,\min}$ 之比,称为稳定系数:

$$K = u_0 / u_{0,\min} \tag{5-28}$$

式中 K——稳定系数,无因次。K 值的适宜范围为 1.5~2.0。

5. 液泛

液泛分为降液管液泛和液沫夹带液泛两种情况。因设计中已对液沫夹带量进行了验算,故在筛板的流体力学验算中通常只对降液管液泛进行验算。

为使液体能由上层塔板稳定地流入下层塔板,降液管内须维持一定的液层高度 H_d。降液管内液层高度用来克服相邻两层塔板间的压降、板上清液层阻力和液体流过降液管的阻力,因此,可用下式计算 H_d,即

$$H_d = h_p + h_L + h_d \tag{5-29}$$

式中 H_d——降液管中清液层高度,m 液柱;

h_d——与液体流过降液管的压降相当的液柱高度,m 液柱。

h_d 主要是由降液管底隙处的局部阻力造成,可按下面经验公式估算:

塔板上不设置进口堰:$h_d = 0.153 \left(\dfrac{L_s}{l_w h_0} \right)^2 = 0.153 (u_0')^2 \tag{5-30}$

塔板上设置进口堰： $h_d = 0.2\left(\dfrac{L_s}{l_w h_0}\right)^2 = 0.2(u_0')^2$ (5-31)

式中　u_0'——流体流过降液管底隙时的流速，m/s。

按式(5-29)可算出降液管中清液层高度 H_d，而降液管中液体和泡沫的实际高度大于此值。为了防止液泛，应保证降液管中泡沫液体总高度不能超过上层塔板的出口堰，即

$$H_d \leqslant \varphi(H_T + h_w)$$ (5-32)

式中，φ 为安全系数。对易发泡物系，$\varphi = 0.3 \sim 0.5$；对不易发泡物系，$\varphi = 0.6 \sim 0.7$。

5.2.6 塔板的负荷性能图

按上述方法进行流体力学验算后，还应绘出塔板的负荷性能图，以检验设计的合理性。

5.2.7 板式塔的结构与附属设备

1.塔体结构

（1）塔顶空间

塔顶空间指塔内最上层塔板与塔顶的间距。为利于出塔气体夹带的液滴沉降，其高度应大于板间距，设计中通常取塔顶间距为 $(1.5 \sim 2.0)H_T$。若需要安装除沫器，要根据除沫器的安装要求确定塔顶间距。

（2）塔底空间

塔底空间指塔内最下层塔板到塔底间距。其值由如下因素决定：

①塔底储液空间依储存液量停留 $3 \sim 8$ min（易结焦物料可缩短停留时间）而定；

②再沸器的安装方式及安装高度；

③塔底液面至最下层塔板之间要留有 $1 \sim 2$ m 的间距。

（3）人孔

对于 $D \geqslant 1\ 000$ mm 的板式塔，为安装、检修的需要，一般每隔 $6 \sim 8$ 层塔板设一人孔。人孔直径一般为 $450 \sim 600$ mm，其伸出塔体的简体长为 $200 \sim 250$ mm，人孔中心距操作平台 $800 \sim 1\ 200$ mm。设人孔处的板间距应等于或大于 600 mm。

（4）塔高

板式塔的塔高如图 5-13 所示。可按下式计算：

$$H = (n - n_F - n_P - 1)H_T + n_F H_F + n_P H_P + \\ H_D + H_B + H_1 + H_2$$ (5-33)

式中　H——塔高，m；

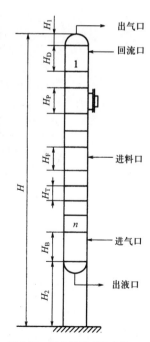

图 5-13　板式塔塔高示意图

n——实际塔板数;

n_F——进料板数;

H_F——进料板处板间距,m;

n_P——人孔数;

H_B——塔底空间高度,m;

H_P——设人孔处的板间距,m;

H_D——塔顶空间高度,m;

H_1——封头高度,m;

H_2——裙座高度 m。

2.塔板结构

塔板按结构特点,可分为整块式和分块式两类塔板。

塔径小于 800 mm 时,一般采用整块式;塔径超过 800 mm 时,由于刚度、安装、检修等要求,多将塔板分成数块通过人孔送入塔内。对于单溢流型塔板,塔板分块数见表5-3,其常用的分块方法如图 5-14 所示。

表 5-3 塔板分块数

塔径/mm	塔板分块数	塔径/mm	塔板分块数
800~1 200	3	1 800~2 000	5
1 400~1 600	4	2 200~2 400	6

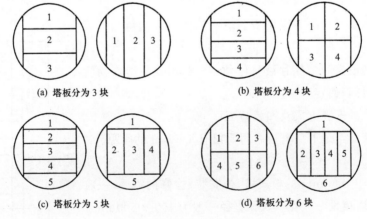

(a) 塔板分为 3 块 (b) 塔板分为 4 块

(c) 塔板分为 5 块 (d) 塔板分为 6 块

图 5-14 单溢流型塔板分块示意图

3.精馏塔的附属设备

精馏塔的附属设备包括蒸气冷凝器、产品冷却器、再沸器(蒸馏釜)、原料预热器等,可根据有关教材或化工手册进行选型与设计。以下着重介绍再沸器(蒸馏釜)和冷凝器的型式和特点,具体设计计算过程从略。

（1）再沸器（蒸馏釜）

该装置的作用是加热塔底料液使之部分汽化，以提供精馏塔内的上升气流。工业上常用的再沸器（蒸馏釜）有以下几种：

①内置式再沸器（蒸馏釜）

将加热装置直接设置于塔的底部，称为内置式再沸器（蒸馏釜），如图 5-15（a）所示。加热装置可采用夹套、蛇管或列管式加热器等形式，其装料系数依物系起泡倾向取为60％～80％。内置式再沸器（蒸馏釜）的优点是安装方便，可减少占地面积，通常用于直径小于 600 mm 的蒸馏塔中。

②釜式（罐式）再沸器

对直径较大的塔，一般将再沸器置于塔外，如图 5-15（b）所示。其管束可抽出，为保证管束浸于沸腾液中，管束末端设溢流堰，堰外空间为出料液的缓冲区。其液面以上空间为气液分离空间，设计中，一般要求气液分离空间为再沸器总体积的 30％以上。釜式（罐式）再沸器的优点是汽化率高，可达 80％以上。若工艺过程要求较高的汽化率，宜采用釜式（罐式）再沸器。此外，对于某些塔底物料需分批移除的塔或间歇精馏塔，因操作范围变化大，也宜采用釜式（罐式）再沸器。

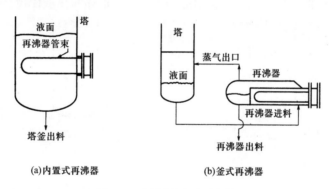

(a)内置式再沸器   (b)釜式再沸器

图 5-15　内置式及釜式再沸器

③热虹吸式再沸器

利用热虹吸原理，即再沸器内液体被加热部分汽化后，气液混合物密度小于塔内液体密度，使再沸器与塔间产生静压差，促使塔底液体被"虹吸"进入再沸器，在再沸器内汽化后返回塔中，因而不必用泵便可使塔底液体循环。热虹吸式再沸器有立式、卧式两种形式，如图 5-16 所示。

立式热虹吸式再沸器的优点是，按单位面积计的金属耗用量显著低于其他型式，并且传热效果较好、占地面积小、连接管线短。但立式热虹吸式再沸器安装时要求精馏塔底部液面与再沸器顶部管板持平，要有固定标高，其循环速率受流体力学因素制约。当处理能力大，要求循环量大，传热面也大时，常选用卧式热虹吸式再沸器。一是由于随传热面加大其单位面积的金属耗量降低较快，二是其循环量受流体力学因素影响较小，可在一定范围内调整塔底与再沸器之间的高度差以适应要求。

热虹吸式再沸器的汽化率不能大于 40％,否则传热不良,且因加热管不能充分润湿而易结垢,故对要求较高汽化率的工艺过程和处理易结垢的物料不宜采用。

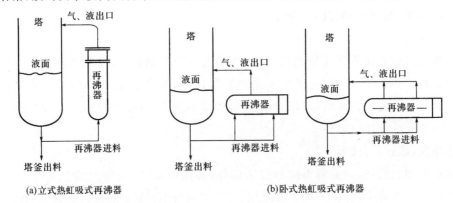

(a)立式热虹吸式再沸器　　　　　(b)卧式热虹吸式再沸器

图 5-16　热虹吸式再沸器

④强制循环式再沸器

用泵使塔底液体在再沸器与塔间进行循环,称为强制循环式再沸器,可采用立式、卧式两种形式,如图 5-17 所示。强制循环式再沸器的优点是,液体流速大,停留时间短,便于控制和调节液体循环量。该方式特别适用于高黏度液体和热敏性物料的蒸馏过程。

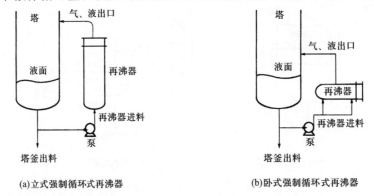

(a)立式强制循环式再沸器　　　　　(b)卧式强制循环式再沸器

图 5-17　强制循环式再沸器

强制循环式再沸器因采用泵循环,使得操作费用增加,而且釜温较高时需选用耐高温的泵,设备费较高,另外料液易发生泄漏,故除特殊需要外,一般不宜采用。

应予指出,再沸器的传热面积是决定塔操作弹性的主要因素之一,故估算其传热面积时安全系数要选大一些,以防塔底蒸发量不足而影响操作。

(2)塔顶回流冷凝器

塔顶回流冷凝器通常采用管壳式换热器,有卧式、立式、管内或管外冷凝等形式。按冷凝器与塔的相对位置区分,有以下几类。

①整体式及自流式

将冷凝器直接安置于塔顶,冷凝液借重力回流入塔,此即整体式冷凝器,又称内回流式,如图 5-18(a)、图 5-18(b)所示。其优点是蒸气压降较小,节省安装面积,可借改变升气管或塔板位置调节位差以保证回流与采出所需的压头。缺点是塔顶结构复杂,维修不便,且回流比难以精确控制。该方式常用于以下几种情况:传热面较小(例如 50 m² 以下),冷凝液难以用泵输送或泵送有危险的场合,减压蒸馏过程。

图 5-18(c)所示为自流式冷凝器,即将冷凝器置于塔顶附近的台架上,靠改变台架高度获得回流和采出所需的位差。

②强制循环式

当塔的处理量很大或塔板数很多时,若回流冷凝器置于塔顶将造成安装、检修等诸多不便,且造价高,可将冷凝器置于塔下部适当位置,用泵向塔顶输送回流,在冷凝器和泵之间需设回流罐,即为强制循环式。图 5-18(d)所示为冷凝器置于回流罐之上。回流罐的位置应保证其中液面与泵入口间位差大于泵的气蚀余量,若罐内液温接近沸点时,应使罐内液面比泵入口高出 3 m 以上。图 5-18(e)所示为将回流罐置于冷凝器的上部,冷凝器置于地面,冷凝液借压差流入回流罐中,这样可减少台架,且便于维修,主要用于常压或加压蒸馏。

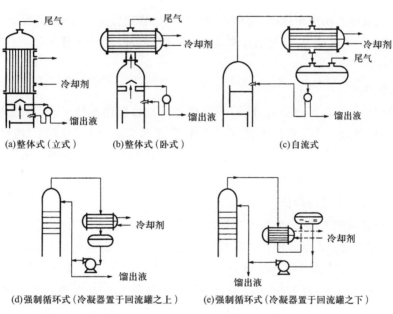

(a)整体式(立式) (b)整体式(卧式) (c)自流式

(d)强制循环式(冷凝器置于回流罐之上) (e)强制循环式(冷凝器置于回流罐之下)

图 5-18 塔顶回流冷凝器

5.3   填料塔的设计

填料塔的类型很多,其设计的原则大体相同,一般来说,填料塔的设计步骤如下:

①设计方案的确定;

②填料类型的选择;

③填料塔工艺尺寸计算;

④填料层压降计算;

⑤填料塔内件的类型与设计。

5.3.1　设计方案的确定

1. 填料精馏塔设计方案的确定

填料精馏塔设计方案的确定包括装置流程的确定、操作压力的确定、进料热状况的选择、加热方式的选择及回流比的选择等，其确定原则与板式精馏塔基本相同，参见 5.2 节。

2. 填料吸收塔设计方案的确定

(1)装置流程的确定

吸收装置的流程主要有以下几种。

①逆流操作

气相自塔底进入由塔顶排出，液相自塔顶进入由塔底排出，此即逆流操作。逆流操作的特点是，传质平均推动力大，传质速率快，分离效率高，吸收剂利用率高。工业生产中多采用逆流操作。

②并流操作

气液两相均从塔顶流向塔底，此即并流操作。并流操作的特点是，系统不受液流限制，可提高操作气速，以提高生产能力。并流操作通常用于以下情况：当吸收过程的平衡曲线较平坦时，流向对推动力影响不大；易溶气体的吸收或处理的气体不需吸收很完全；吸收剂用量特别大，但逆流操作易引起液泛。

③吸收剂部分再循环操作

在逆流操作系统中，用泵将吸收塔排出液体的一部分冷却后与补充的新鲜吸收剂一同送回塔内，即为部分再循环操作。通常用于以下情况：吸收剂用量较小，为提高塔的液体喷淋密度；对于非等温吸收过程，为控制塔内的温升，需取出一部分热量。该流程特别适宜于相平衡常数 m 值很小的情况，通过吸收液的部分再循环，提高吸收剂的使用效率。应予指出，吸收剂部分再循环操作较逆流操作的平均推动力要低，且需设置循环泵，操作费用增加。

④多塔串联操作

若设计的填料层高度过大，或由于所处理物料等原因需经常清理填料，为便于维修，可把填料层分装在几个串联的塔内，每个吸收塔通过的吸收剂和气体量都相等，即为多塔串联操作。此种操作因塔内需留较大空间，输液、喷淋、支承板等辅助装置增加，使设备投资加大。

⑤串联-并联混合操作

若吸收过程处理的液量很大，如果用通常的流程，则液体在塔内的喷淋密度过大，操作气速势必很小（否则易引起塔的液泛），塔的生产能力很低。实际生产中可采用气相作串联、液相作并联的混合流程；若吸收过程处理的液量不大而气相流量很大时，可采用液相作串联、气相作并联的混合流程。

在实际应用中,应根据生产任务、工艺特点,结合各种流程的优缺点选择适宜的流程布置。

(2)吸收剂的选择

吸收过程是依靠气体溶质在吸收剂中的溶解来实现的,因此,吸收剂性能的优劣,是决定吸收操作效果的关键之一,选择吸收剂时应着重考虑以下几方面:

①溶解度

吸收剂对溶质组分的溶解度要大,以提高吸收速率并减少吸收剂的需用量。

②选择性

吸收剂对溶质组分要有良好的吸收能力,而对混合气体中的其他组分不吸收或吸收甚微,否则不能直接实现有效的分离。

③挥发度

操作温度下吸收剂的蒸气压要低,以减少吸收和再生过程中吸收剂的挥发损失。

④黏度

吸收剂在操作温度下的黏度越低,其在塔内的流动性越好,有助于传质速率的提高。

⑤其他

所选用的吸收剂应尽可能满足无毒性、无腐蚀性、不易燃易爆、不发泡、冰点低、价廉易得以及化学性质稳定等要求。

一般说来,任何一种吸收剂都难以同时满足以上所有要求,选用时应针对具体情况和主要矛盾,既考虑工艺要求又兼顾到经济合理性。工业上常用的吸收剂列于表5-4。

表 5-4　　　　　　　　　　　　　　工业常用吸收剂

溶 质	吸收剂	溶 质	吸收剂
氨	水、硫酸	硫化氢	碱液、砷碱液、有机溶剂
丙酮蒸气	水	苯蒸气	煤油、洗油
氯化氢	水	丁二烯	乙醇、乙腈
二氧化碳	水、碱液、碳酸丙烯酯	二氯乙烯	煤油
二氧化硫	水	一氧化碳	铜氨液

(3)操作温度与压力的确定

①操作温度的确定

由吸收过程的气液平衡关系可知,温度降低可增加溶质组分的溶解度,即低温有利于吸收,但操作温度的低限应由吸收系统的具体情况决定。例如水吸收 CO_2 的操作中用水量极大,吸收温度主要由水温决定,而水温又取决于大气温度,故应考虑夏季循环水温高时补充一定量地下水以维持适宜温度。

②操作压力的确定

由吸收过程的气液平衡关系可知,压力升高可增加溶质组分的溶解度,即加压有利于吸收。但随着操作压力的升高,对设备的加工制造要求提高,且能耗增加,因此需结合具体工艺条件综合考虑,以确定操作压力。

5.3.2 填料的类型与选择

塔填料(简称为填料)是填料塔中气液接触的基本构件,其性能的优劣是决定填料塔操作性能的主要因素,因此,塔填料的选择是填料塔设计的重要环节。

1.填料的类型

填料的种类很多,根据装填方式不同,可分为散装填料和规整填料两大类。

(1)散装填料

散装填料是一个个具有一定几何形状和尺寸的颗粒体,一般以随机的方式堆积在塔内,又称为乱堆填料或颗粒填料。散装填料根据结构特点不同,又可分为环形填料、鞍形填料、环鞍形填料及球形填料等。现介绍几种较典型的散装填料。

①拉西环填料

拉西环填料是最早提出的工业填料,其结构为外径与高度相等的圆环,可用陶瓷、塑料、金属等材质制造。拉西环填料的气液分布较差,传质效率低,阻力大,通量小,目前工业上已很少应用。

②鲍尔环填料

鲍尔环是在拉西环的基础上改进而得。其结构为在拉西环的侧壁上开出两排长方形的窗孔,被切开的环壁侧仍与壁面相连,另一侧向环内弯曲,形成内伸的舌叶,诸舌叶的侧边在环中心相搭,可用陶瓷、塑料、金属等材质制造。鲍尔环由于环壁开孔,大大提高了环内空间及环内表面的利用率,气流阻力小,液体分布均匀。与拉西环相比,其通量可增加50%以上,传质效率提高30%左右。鲍尔环是目前应用较广的填料之一。

③阶梯环填料

阶梯环是对鲍尔环的改进。与鲍尔环相比,阶梯环高度减少了一半,并在一端增加了一个锥形翻边。由于高径比减小,使得气体绕填料外壁的平均路径大大缩短,减少了气体通过填料层的阻力。锥形翻边不仅增加了填料的机械强度,而且使填料之间由线接触为主变成以点接触为主,这样不但增加了填料间的空隙,同时成为液体沿填料表面流动的汇集分散点,可以促进液膜的表面更新,有利于传质效率的提高。阶梯环的综合性能优于鲍尔环,成为目前所使用的环形填料中最为优良的一种。

④弧鞍填料

弧鞍填料属鞍形填料的一种,其形状如同马鞍,一般采用瓷质材料制成。弧鞍填料的特点是表面全部敞开,不分内外,液体在表面两侧均匀流动,表面利用率高,流道呈弧形,流动阻力小。其缺点是易发生套叠,致使一部分填料表面被重合,使传质效率降低。弧鞍填料强度较差,容易破碎,工业生产中应用不多。

⑤矩鞍填料

将弧鞍填料两端的弧形面改为矩形面,且两面大小不等,即成为矩鞍填料。矩鞍填料堆积时不会套叠,液体分布较均匀。矩鞍填料一般采用瓷质材料制成,其性能优于拉西环。目前,国内绝大多数应用瓷拉西环的场合,均已被瓷矩鞍填料所取代。

⑥环矩鞍填料

环矩鞍填料(国外称为 Intalox)是兼顾环形和鞍形结构特点而设计出的一种新型填料,该填料一般以金属材质制成,故又称为金属环矩鞍填料。环矩鞍填料将环形填料和鞍形填料两者的优点集于一体,其综合性能优于鲍尔环和阶梯环,是工业应用最为普遍的一种金属散装填料。

(2)规整填料

规整填料是按一定几何图形排列,整齐堆砌的填料。规整填料种类很多,根据其几何结构可分为格栅填料、波纹填料、脉冲填料等,工业上应用的规整填料绝大部分为波纹填料。波纹填料按结构分为网波纹填料和板波纹填料两大类,可用陶瓷、塑料、金属等材质制造。加工中,波纹与塔轴的倾角有 30°和 45°两种,倾角为 30°用代号 BX(或 X)表示,倾角为 45°用代号 CY(或 Y)表示。

金属丝网波纹填料是网波纹填料的主要形式,是由金属丝网制成的。其特点是压降低、分离效率高,特别适用于精密精馏及真空精馏装置,为难分离物系、热敏性物系的精馏提供了有效的手段。尽管其造价高,但因性能优良仍得到了广泛应用。

金属孔板波纹填料是板波纹填料的主要形式。该填料的波纹板片上冲压有许多 $\phi 4 \sim 6$ mm 的小孔,可起到粗分配板片上的液体、加强横向混合的作用。波纹板片上轧成细小沟纹,可起到细分配板片上的液体、增强表面润湿性能的作用。金属孔板波纹填料强度高,耐腐蚀性强,特别适用于大直径塔及气液负荷较大的场合。

波纹填料的优点是结构紧凑,阻力小,传质效率高,处理能力大,比表面积大。其缺点是不适于处理黏度大、易聚合或有悬浮物的物料,且装卸、清理困难,造价高。

2. 填料的选择

填料的选择包括确定填料的种类、规格及材质等。所选填料既要满足生产工艺的要求,又要使设备投资和操作费用较低。

(1)填料种类的选择

填料种类的选择要考虑分离工艺的要求,通常考虑以下几个方面。

①传质效率

传质效率即分离效率,它有两种表示方法:一是以理论级进行计算的表示方法,以每个理论级当量的填料层高度表示,即 HETP 值;另一是以传质速率进行计算的表示方法,以每个传质单元相当的填料层高度表示,即 HTU 值。在满足工艺要求的前提下,应选用传质效率高,即 HETP(或 HTU)值低的填料。对于常用的工业填料,其 HETP(或

HTU)值可由有关手册或文献查到,也可通过一些经验公式估算。

②通量

在相同的液体负荷下,填料的泛点气速愈高或气相动能因子愈大,则通量愈大,塔的处理能力亦越大。因此,在选择填料种类时,在保证具有较高传质效率的前提下,应选择具有较高泛点气速或气相动能因子的填料。对于大多数常用填料,其泛点气速或气相动能因子可由有关手册或文献中查到,也可通过一些经验公式估算。

③填料层的压降

填料层的压降是填料的主要应用性能,填料层的压降愈低,动力消耗越低,操作费用愈小。选择低压降的填料对热敏性物系的分离尤为重要。比较填料的压降有两种方法,一是比较填料层单位高度的压降 $\Delta p/Z$;另一是比较填料层单位传质效率的比压降 $\Delta p/N_T$。填料层的压降可用经验公式计算,亦可从有关图表中查出。

④填料的操作性能

填料的操作性能主要指操作弹性、抗污堵性及抗热敏性等。所选填料应具有较大的操作弹性,以保证塔内气液负荷发生波动时维持操作稳定。同时,还应具有一定的抗污堵、抗热敏能力,以适应物料的变化及塔内温度的变化。

此外,所选的填料要便于安装、拆卸和检修。

(2)填料规格的选择

通常,散装填料与规整填料的规格表示方法不同,选择的方法亦不尽相同,现分别加以介绍。

①散装填料规格的选择

散装填料的规格通常是指填料的公称直径。工业塔常用的散装填料主要有 DN16、DN25、DN38、DN50、DN76 等几种规格。同类填料,尺寸越小,分离效率越高,但阻力增加,通量减小,填料费用也增加很多。而大尺寸的填料应用于小直径塔中,又会产生液体分布不良及严重的壁流,使塔的分离效率降低。因此,对塔径与填料尺寸的比值要符合规定,常用填料的塔径与填料公称直径比值 D/d 的推荐值见表 5-5。

表 5-5　　　　　　　塔径与填料公称直径的比值 D/d 的推荐值

填料种类	D/d 的推荐值	填料种类	D/d 的推荐值
拉西环	$\geqslant 20\sim 30$	阶梯环	>8
鞍环	$\geqslant 15$	环矩鞍	>8
鲍尔环	$\geqslant 10\sim 15$		

②规整填料规格的选择

工业上常用规整填料的型号和规格的表示方法很多,国内习惯用比表面积表示,主要有 125 m^2/m^3、150 m^2/m^3、250 m^2/m^3、350 m^2/m^3、500 m^2/m^3、700 m^2/m^3 等几种规格,同种类型的规整填料,其比表面积越大,传质效率越高,但阻力增加,通量减小,填料费用也明显增加。选用时应从分离要求、通量要求、场地条件、物料性质及设备投资、操作费用等方面综合考虑,使所选填料既能满足工艺要求,又具有经济合理性。

应予指出,一座填料塔可以选用同种类型、同一规格的填料,也可选用同种类型、不同规格的填料;可以选用同种类型的填料,也可以选用不同类型的填料;有的塔段可选用规整填料,而有的塔段可选用散装填料。设计时应灵活掌握,根据技术经济统一的原则来进行选择。

(3)填料材质的选择

工业上,填料的材质分为陶瓷、金属和塑料三大类。

①陶瓷填料

陶瓷填料具有良好的耐腐蚀性及耐热性,一般能耐除氢氟酸以外的常见的各种无机酸、有机酸的腐蚀,对强碱介质,可以选用耐碱配方制造的耐碱陶瓷填料。

陶瓷填料因其质脆、易碎,不宜在高冲击强度下使用。陶瓷填料价格便宜,具有很好的表面润湿性能,工业上,主要用于气体吸收、气体洗涤、液体萃取等过程。

②金属填料

金属填料可用多种材质制成,金属材质的选择主要根据物系的腐蚀性和金属材质的耐腐蚀性来综合考虑。碳钢填料造价低,且具有良好的表面润湿性能,对于无腐蚀或低腐蚀性物系应优先考虑使用;不锈钢填料耐腐蚀性强,一般能耐除 Cl^- 以外常见物系的腐蚀,但其造价较高;钛材、特种合金钢等材质制成的填料造价极高,一般只在某些腐蚀性极强的物系下使用。

金属填料可制成薄壁结构(0.2~1.0 mm),与同种类型、同种规格的陶瓷、塑料填料相比,它的通量大、气体阻力小,且具有很高的抗冲击性能,能在高温、高压、高冲击强度下使用,工业应用主要以金属填料为主。

③塑料填料

塑料填料的材质主要包括聚丙烯(PP)、聚乙烯(PE)及聚氯乙烯(PVC)等,国内一般多采用聚丙烯材质。塑料填料的耐腐蚀性能较好,可耐一般的无机酸、碱和有机溶剂的腐蚀。其耐温性良好,可长期在 100 ℃以下使用。聚丙烯填料在低温(低于 0 ℃)时具有冷脆性,在低于 0 ℃的条件下使用要慎重,可选用耐低温性能好的聚氯乙烯填料。

塑料填料具有质轻、价廉、耐冲击、不易破碎等优点,多用于吸收、解吸、萃取、除尘等装置中。塑料填料的缺点是表面润湿性能差,在某些特殊应用场合,需要对其表面进行处理,以提高表面润湿性能。

5.3.3 填料塔工艺尺寸计算

填料塔工艺尺寸的计算包括塔径的计算、填料层高度的计算及分段等。

1. 塔径的计算

填料塔直径仍采用式(5-2)计算,即 $D = \sqrt{4V_s/\pi u}$,式中气体体积流量 V_s 由设计任务给定。由上式可见,计算塔径的核心问题是确定空塔气速 u。

(1)空塔气速的确定

①泛点气速法

泛点气速是填料塔操作气速的上限,填料塔的操作空塔气速必须小于泛点气速,操作空塔气速与泛点气速之比称为泛点率。

对于散装填料,其泛点率的经验值为 $u/u_F = 0.5 \sim 0.85$。

对于规整填料,其泛点率的经验值为 $u/u_F = 0.6 \sim 0.95$。

泛点率的选择主要考虑填料塔的操作压力和物系的发泡程度。设计中,对于加压操作的塔,应取较高的泛点率;对于减压操作的塔,应取较低的泛点率;对易起泡沫的物系,泛点率应取低限值;而无泡沫的物系,可取较高的泛点率。

泛点气速可用经验方程式计算,亦可用关联图求取。

a. 贝恩(Bain)-霍根(Hougen)关联式。填料的泛点气速可由贝恩-霍根关联式计算:

$$\lg\left[\frac{u_F^2}{g}\left(\frac{a_1}{\varepsilon^3}\right)\left(\frac{\rho_V}{\rho_L}\right)\mu_L^{0.2}\right] = A - K\left(\frac{w_L}{w_V}\right)^{1/4}\left(\frac{\rho_V}{\rho_L}\right)^{1/8} \quad (5\text{-}34)$$

式中　u_F——泛点气速,m/s;

g——重力加速度,9.81 m/s²;

a_1——填料总比表面积,m²/m³;

ε——填料层空隙率,m³/m³;

ρ_V、ρ_L——气相、液相密度,kg/m³;

μ_L——液体黏度,mPa·s;

w_L、w_V——液相、气相的质量流量,kg/h;

A、K——关联常数。

常数 A 和 K 与填料的形状及材质有关,不同类型填料的 A、K 值列于表 5-6 中。由式(5-34)计算泛点气速,误差在 15% 以内。

表 5-6　　　　　　　式(5-34)中的 A,K 值

散装填料类型	A	K	规整填料类型	A	K
塑料鲍尔环	0.0942	1.75	金属丝网波纹填料	0.30	1.75
金属鲍尔环	0.1	1.75	塑料丝网波纹填料	0.4201	1.75
塑料阶梯环	0.204	1.75	金属网孔波纹填料	0.155	1.47
金属阶梯环	0.106	1.75	金属孔板波纹填料	0.291	1.75
瓷矩鞍	0.176	1.75	塑料孔板波纹填料	0.291	1.563
金属环矩鞍	0.06225	1.75			

b. 埃克特(Eckert)通用关联图。散装填料的泛点气速可用埃克特关联图计算,如图 5-19 所示。计算时,先由气液相负荷及有关物性数据求出横坐标 $\frac{w_L}{w_V}\left(\frac{\rho_V}{\rho_L}\right)^{0.5}$,然后作垂线与相应的泛点线相交,再通过交点作水平线与纵坐标相交,求出纵坐标 $\frac{u^2\Phi\Psi}{g}\left(\frac{\rho_V}{\rho_L}\right)\mu_L^{0.2}$。此时所对应的 u 即泛点气速 u_F。

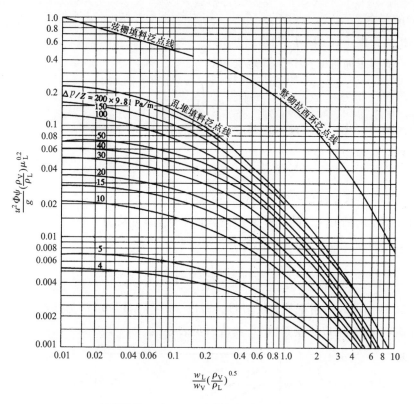

Φ——填料因子,m^{-1};Ψ——液体密度校正系数,$\Psi = \rho_水 / \rho_L$

图 5-19 埃克特通用关联图

应予指出,用埃克特通用关联图计算泛点气速时,所需的填料因子为液泛时的湿填料因子,称为泛点填料因子,以 Φ_F 表示。Φ_F 与液体喷淋密度有关,为了工程计算的方便,常采用与液体喷淋密度无关的泛点填料因子平均值。表 5-7 列出了部分散装填料的泛点填料因子平均值。

表 5-7　　　　　　　　　　　散装填料泛点填料因子平均值

填料类型	填料因子 /m^{-1}					填料类型	填料因子 /m^{-1}				
	DN16	DN25	DN38	DN50	DN76		DN16	DN25	DN38	DN50	DN76
金属鲍尔环	410	—	117	160	—	塑料阶梯环	—	260	170	127	—
金属环矩鞍	—	170	150	135	120	瓷矩鞍	1100	550	200	226	—
金属阶梯环	—	—	160	140	—	瓷拉西环	1300	832	600	410	—
塑料鲍尔环	550	280	184	140	92						

②气相动能因子(F 因子)法

气相动能因子简称因子,其定义为

$$F = u \sqrt{\rho_V} \tag{5-35}$$

气相动能因子法多用于规整填料空塔气速的确定。计算时,先从手册或图表中查得操作条件下的 F 因子,然后依据式(5-35)即可计算出操作空塔气速 u。

应予指出,采用气相动能因子法计算适宜的空塔气速,一般用于低压操作(压力低于

0.2 MPa)的场合。

③气相负荷因子(C_s 因子)法

气相负荷因子简称 C_s 因子,其定义为

$$C_s = u \sqrt{\frac{\rho_V}{\rho_L - \rho_V}} \tag{5-36}$$

气相负荷因子法多用于规整填料空塔气速的确定。计算时,先求出最大气相负荷因子 $C_{s,max}$,然后依据以下关系

$$C_s = 0.8 C_{s,max} \tag{5-37}$$

计算出 C_s,再依据式(5-36)求出操作空塔气速 u。

常用规整填料的 $C_{s,max}$ 的计算见有关填料手册,亦可从图 5-20 所示的 $C_{s,max}$ 曲线图上查得。图中的横坐标 Ψ 称为流动参数,其定义为

$$\Psi = \frac{w_L}{w_V} \left(\frac{\rho_V}{\rho_L} \right)^{0.5} \tag{5-38}$$

图 5-20 所示曲线适用于板波纹填料。若以 250Y 板波纹填料为基准,对于其他类型的板波纹填料,需要乘以修正系数 C,其值参见表 5-8。

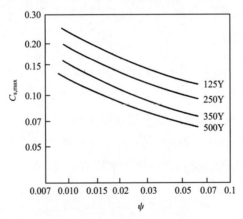

图 5-20　波纹填料的最大负荷因子

表 5-8　　　　　　　　　其他类型的波纹填料的最大负荷修正系数

填料类别	型号	修正系数	填料类别	型号	修正系数
板波纹填料	250Y	1.0	丝网波纹填料	CY	0.65
丝网波纹填料	BX	1.0	陶瓷波纹填料	BX	0.8

(2)塔径的计算与圆整

根据上述方法得出空塔气速 u 后,即可由式(5-2)计算出塔径 D。应予指出,由式(5-2)计算出塔径 D 后,还应按塔径系列标准进行圆整。常用的标准塔径为:400 mm、500 mm、600 mm、700 mm、800 mm、1 000 mm、1 200 mm、1 400 mm、1 600 mm、2 000 mm、2 200 mm 等。圆整后,再核算操作空塔气速 u 与泛点率。

（3）液体喷淋密度的验算

填料塔的液体喷淋密度是指单位时间、单位塔截面上液体的喷淋量，其计算式为

$$U = \frac{L_{h}}{0.785D^2} \tag{5-39}$$

式中　U——液体喷淋密度，$m^3/(m^2 \cdot h)$；

　　　L_{h}——液体喷淋量，m^3/h；

　　　D——填料塔直径，m。

为使填料能获得良好的润湿，塔内液体喷淋量应不低于某一极限值，此极限值称为最小喷淋密度，以 U_{min} 表示。

对于散装填料，其最小喷淋密度通常采用下式计算：

$$U_{min} = (L_{W})_{min} a_{t} \tag{5-40}$$

式中　U_{min}——最小喷淋密度，$m^3/(m^2 \cdot h)$；

　　　$(L_{W})_{min}$——最小润湿速率，$m^3/(m \cdot h)$；

　　　a_{t}——填料的总比表面积，m^2/m^3。

最小润湿速率是指在塔的截面上，单位长度的填料周边的最小液体体积流量。其值可由经验公式计算（见有关填料手册），也可采用一些经验值。对于直径不超过 75 mm 的散装填料，可取最小润湿速率 $(L_{W})_{min} = 0.08 \ m^3/(m \cdot h)$；对于直径大于 75 mm 的散装填料，取 $(L_{W})_{min} = 0.12 \ m^3/(m \cdot h)$。

对于规整填料，其最小喷淋密度可从有关填料手册中查得，设计中，通常取 $U_{min} = 0.2$。

实际操作时采用的液体喷淋密度应大于最小喷淋密度。若液体喷淋密度小于最小喷淋密度，则需进行调整，重新计算塔径。

2. 填料层高度计算及分段

（1）填料层高度计算

填料层高度的计算分为传质单元数法和等板高度法。在工程设计中，对于吸收、解吸及萃取等过程中的填料塔的设计，多采用传质单元数法；而对于精馏过程中的填料塔的设计，则习惯用等板高度法。

①传质单元数法

采用传质单元数法计算填料层高度的基本公式为

$$Z = H_{OG} N_{OG} \tag{5-41}$$

a.传质单元数的计算。传质单元数的计算方法可参见《化工传质与分离过程》教材的吸收一章。

b.传质单元高度的计算。传质过程的影响因素十分复杂，对于不同的物系、不同的填料以及不同的流动状况与操作条件，传质单元高度各不相同，迄今为止，尚无通用的计算方法和计算公式。目前，在进行设计时多选用一些准数关联式或经验公式进行计算，其中应用较普遍的是修正的恩田（Onde）公式：

$$k_G = 0.237 \left(\frac{U_V}{a_t \mu_V}\right)^{0.7} \left(\frac{\mu_V}{\rho_V D_V}\right)^{1/3} \left(\frac{a_t D_V}{RT}\right) \tag{5-42}$$

$$k_L = 0.0095 \left(\frac{U_L}{a_w \mu_V}\right)^{2/3} \left(\frac{\mu_L}{\rho_L D_L}\right)^{-1/2} \left(\frac{\mu_L g}{\rho_L}\right)^{1/3} \tag{5-43}$$

$$k_G a = k_G a_w \Psi^{1.1} \tag{5-44}$$

$$k_L a = k_L a_w \Psi^{0.4} \tag{5-45}$$

其中
$$\frac{a_w}{a_t} = 1 - \exp\left\{-1.45 \left(\frac{\sigma_c}{\sigma_L}\right)^{0.75} \left(\frac{U_L}{a_t \mu_L}\right)^{0.1} \left(\frac{U_L^2 a_t}{\rho_L^2 g}\right)^{-0.05} \left(\frac{U_L^2 a_t}{\rho_L \sigma_L a_t}\right)^{0.2}\right\} \tag{5-46}$$

式中　U_V、U_L——气体、液体的质量通量，$kg/(m^2 \cdot h)$；

μ_V、μ_L——气体、液体的黏度，$kg/(m \cdot h)[1\ Pa \cdot s = 3600\ kg/(m \cdot h)]$；

ρ_V、ρ_L——气体、液体的密度，kg/m^3；

D_V、D_L——溶质在气体、液体中的扩散系数，m^2/s；

R——通用气体常数，$8.314(m^3 \cdot kPa)/(kmol \cdot K)$；

T——系统温度，K；

a_t——填料的总比表面积，m^2/m^3；

a_w——填料的润湿比表面积，m^2/m^3；

g——重力加速度，$1.27 \times 10^8\ m/h$；

σ_L——液体的表面张力，kg/h^2；

σ_c——填料材质的临界表面张力，kg/h^2；

Ψ——填料形状系数。

常见材质的临界表面张力值见表 5-9、常见填料的形状系数见表 5-10。

表 5-9　　　　　　　　　　常见材质的临界表面张力值

材质	碳	瓷	玻璃	聚丙烯	聚氯乙烯	钢	石蜡
表面张力/$(mN \cdot m^{-1})$	56	61	73	33	40	75	20

表 5-10　　　　　　　　　　常见填料的形状系数

填料类型	球形	棒形	拉西环	弧鞍	开孔环
Ψ	0.72	0.75	1	1.19	1.45

由修正的恩田公式计算出 $k_G a$ 和 $k_L a$ 后，可按下式计算气相总传质单元高度 H_{OG}：

$$H_{OG} = \frac{V}{K_Y a \Omega} = \frac{V}{K_G a P \Omega} \tag{5-47}$$

其中
$$K_G a = \frac{1}{1/k_G a + 1/H k_L a} \tag{5-48}$$

式中　H——溶解度系数，$kmol/(m^3 \cdot kPa)$；

Ω——塔截面积，m^2。

应予指出，修正的恩田公式只适用于 $u \leqslant 0.5 u_F$ 的情况，当 $u > 0.5 u_F$ 时，需要按下式进行校正：

$$k_G' a = \left[1 + 9.5 \left(\frac{u}{u_F} - 0.5\right)^{1.4}\right] k_G a \tag{5-49}$$

$$k'_L a = \left[1 + 2.6\left(\frac{u}{u_F} - 0.5\right)^{2.2}\right] k_L a \qquad (5-50)$$

②等板高度法

采用等板高度法计算填料层高度的基本公式为

$$Z = HETP \cdot N_T \qquad (5-51)$$

a. 理论板数的计算。理论板数的计算方法可参见《化工传质与分离过程》教材的蒸馏一章。

b. 等板高度的计算。等板高度与许多因素有关,不仅取决于填料的类型和尺寸,而且受系统物性、操作条件及设备尺寸的影响。目前尚无准确可靠的方法计算填料的 $HETP$ 值。一般的方法是通过实验测定,或从工业应用的实际经验中选取 $HETP$ 值,某些填料在一定条件下的 $HETP$ 值可从有关填料手册中查得。近年来研究者通过大量数据回归得到了常压蒸馏时的 $HETP$ 关联式如下:

$$\ln(HETP) = h - 1.292\ln\sigma_L + 1.47\ln\mu_L \qquad (5-52)$$

式中　$HETP$——等板高度,mm;

　　　σ_L——液体表面张力,N/m;

　　　μ_L——液体黏度,mPa·s;

　　　h——常数,其值见表 5-11。

表 5-11　关联式中的常数值

填料类型	h	填料类型	h
$DN25$ 金属环矩鞍填料	6.850 5	$DN50$ 金属鲍尔环	7.378 1
$DN40$ 金属环矩鞍填料	7.038 2	$DN25$ 瓷环矩鞍填料	6.850 5
$DN50$ 金属环矩鞍填料	7.288 3	$DN38$ 瓷环矩鞍填料	7.107 9
$DN25$ 金属鲍尔环	6.850 5	$DN50$ 瓷环矩鞍填料	7.443 0
$DN38$ 金属鲍尔环	7.077 9		

式(5-52)考虑了液体黏度及表面张力的影响,其适用范围如下:

$$1\times10^{-3} < \sigma_L < 36\times10^{-3}(\text{N/m}), \quad 0.08\times10^{-3} < \mu_L < 0.83\times10^{-3}(\text{Pa}\cdot\text{s})$$

应予指出,采用上述方法计算出填料层高度后,还应留出一定的安全系数。根据设计经验,填料层的设计高度一般为

$$Z' = (1.2\sim1.5)Z \qquad (5-53)$$

式中　Z'——设计时的填料高度,m;

　　　Z——工艺计算得到的填料高度,m。

(2)填料层的分段

液体沿填料层下流时,有逐渐向塔壁方向集中的趋势,形成壁流效应。壁流效应造成填料层气液分布不均匀,使传质效率降低。因此,设计中每隔一定的填料层高度,需要设置液体收集再分布装置,即将填料层分段。

①散装填料的分段

对于散装填料,一般推荐的分段高度值见表 5-12,表中 h/D 为分段高度与塔径之比,h_{max} 为允许的最大填料层高度。

表 5-12			散装填料分段高度推荐值		
填料类型	h/D	h_{max}/m	填料类型	h/D	h_{max}/m
拉西环	2.5	≤4	阶梯环	8～15	≤6
矩鞍	5～8	≤6	环矩鞍	8～15	≤6
鲍尔环	5～10	≤6			

②规整填料的分段

对于规整填料,填料层分段高度可按下式确定:

$$h = (15\sim20)HETP \tag{5-54}$$

式中　h——规整填料分段高度,m;

　　　$HETP$——规整填料的等板高度,m。

亦可按表 5-13 推荐的分段高度值确定。

表 5-13		规整填料分段高度推荐值	
填料类型	h/m	填料类型	h/m
250Y 板波纹填料	6.0	500(BX)丝网波纹填料	3.0
500Y 板波纹填料	5.0	700(CY)丝网波纹填料	1.5

5.3.4　填料层压降的计算

填料层压降通常用单位高度填料层的压降 $\Delta p/Z$ 表示。设计时,根据有关参数,由通用关联图(或压降曲线)先求得每米填料层的压降值,然后再乘以填料层高度,即得出填料层的压降。

1.散装填料的压降计算

(1)由埃克特通用关联图计算

散装填料的压降值可由埃克特通用关联图计算。计算时,先根据气液负荷及有关物性数据,求出横坐标 $\dfrac{w_L}{w_V}\left(\dfrac{\rho_V}{\rho_L}\right)^{1/2}$ 值,再根据操作空塔气速及有关物性数据,求出纵坐标 $\dfrac{u^2\Phi_p\Psi}{g}$ $\left(\dfrac{\rho_V}{\rho_L}\right)\mu_L^{0.2}$ 值。通过作图得出交点,读出过交点的等压线数值,即得出每米填料层压降。

应予指出,用埃克特通用关联图计算压降时,所需的填料因子为操作状态下的湿填料因子,称为压降填料因子,以 Φ_p 表示。压降填料因子 Φ_p 与液体喷淋密度有关,为了工程计算的方便,常采用与液体喷淋密度无关的压降填料因子平均值。表 5-14 列出了部分散装填料的压降填料因子平均值,可供设计中参考。

(2)由填料压降曲线查得

散装填料压降曲线的横坐标通常以空塔气速 u 表示,纵坐标以单位高度填料层压降 $\Delta p/Z$ 表示,常见散装填料的 u-$\Delta p/Z$ 曲线可从有关填料手册中查得。

表 5-14   散装填料压降填料因子平均值

填料类型	填料因子/m^{-1}					填料类型	填料因子/m^{-1}				
	$DN16$	$DN25$	$DN38$	$DN50$	$DN76$		$DN16$	$DN25$	$DN38$	$DN50$	$DN76$
金属鲍尔环	306	—	114	98	—	塑料阶梯环	—	176	116	89	—
金属环矩鞍	—	138	93.4	71	36	瓷环矩鞍	700	215	140	160	—
金属阶梯环	—	—	118	82	—	瓷拉西环	1050	576	450	288	—
塑料鲍尔环	343	232	114	125	62						

2. 规整填料的压降计算

(1) 由填料的压降关联式计算

规整填料的压降通常关联成以下形式

$$\frac{\Delta p}{Z} = \alpha \left(u \sqrt{\rho_v} \right)^\beta \tag{5-55}$$

式中 $\Delta p / Z$ ——每米填料层高度的压降，Pa/m；

   u ——空塔气速，m/s；

   ρ_v ——气体密度，kg/m^3；

   α, β ——关联式常数，可从有关填料手册中查得。

(2) 由填料压降曲线查得

规整填料压降曲线的横坐标通常以 F 因子表示，纵坐标以单位高度填料层压降 $\Delta p / Z$ 表示，常见规整填料的 F-$\Delta p / Z$ 曲线可从有关填料手册中查得。

5.3.5 填料塔内件的类型与设计

1. 塔内件的类型

填料塔的内件主要有填料支承装置、填料压紧装置、液体分布装置、液体收集再分布装置等。合理地选择和设计塔内件，对保证填料塔的正常操作及优良的传质性能十分重要。

(1) 填料支承装置

填料支承装置的作用是支承塔内的填料。常用的填料支承装置有栅板型、孔管型、驼峰型等。对于散装填料，通常选用孔管型、驼峰型支承装置；对于规整填料，通常选用栅板型支承装置。设计中，为防止在填料支承装置处压降过大甚至发生液泛，要求填料支承装置的自由截面积应大于 75%。

(2) 填料压紧装置

为防止在上升气流的作用下填料床层发生松动或跳动，需在填料层上方设置填料压紧装置。填料压紧装置有压紧栅板、压紧网板、金属压紧器等类型。对于散装填料，可选用压紧网板，也可选用压紧栅板，在其下方，根据填料的规格敷设一层金属网，并将其与压紧栅板固定；对于规整填料，通常选用压紧栅板。设计中，为防止在填料压紧装置处压降过大甚至发生液泛,要求填料压紧装置的自由截面积应大于70%。

为了便于安装和检修,填料压紧装置不能与塔壁采用连续固定方式,对于小塔可用螺钉固定于塔壁,而大塔则用支耳固定。

(3)液体分布装置

液体分布装置的种类多样,有喷头式、盘式、管式、槽式及槽盘式等。工业应用以管式、槽式及槽盘式为主。

管式分布器由不同结构形式的开孔管制成。其突出的特点是结构简单,供气体流过的自由截面大,阻力小。但小孔易堵塞,操作弹性一般较小。管式液体分布器多用于中等以下液体负荷的填料塔中。在减压精馏及丝网波纹填料塔中,由于液体负荷较小,设计中通常用管式液体分布器。

槽式液体分布器是由分流槽(又称主槽或一级槽)、分布槽(又称副槽或二级槽)构成的。一级槽通过槽底开孔将液体初分成若干流股,分别加入其下方的液体分布槽。分布槽的槽底(或槽壁)上设有孔道(或导管),将液体均匀分布于填料层上。槽式液体分布器具有较大的操作弹性和极好的抗污堵性,特别适合于大气液负荷及含有固体悬浮物、黏度大的液体的分离场合,应用范围非常广泛。

槽盘式分布器是近年来开发的新型液体分布器,它兼有集液、分液及分气三种作用,结构紧凑,气液分布均匀,阻力较小,操作弹性高达10:1,适用于各种液体喷淋量。近年来应用非常广泛,在设计中建议优先选用。

(4)液体收集及再分布装置

前已述及,为减小壁流现象,当填料层较高时需进行分段,故需设置液体收集及再分布装置。

最简单的液体再分布装置为截锥式再分布器。截锥式再分布器结构简单,安装方便,但它只起到将壁流向中心汇集的作用,无液体再分布的功能,一般用于直径小于0.6 m的塔中。

在通常情况下,一般将液体收集器及液体分布器同时使用,构成液体收集及再分布装置。液体收集器的作用是将上层填料流下的液体收集,然后送至液体分布器进行液体再分布。常用的液体收集器为斜板式液体收集器。

前已述及,槽盘式液体分布器兼有集液和分液的功能,故槽盘式液体分布器是优良的液体收集及再分布装置。

2.塔内件的设计

填料塔操作性能的好坏、传质效率的高低在很大程度上与塔内件的设计有关。在塔内件设计中,最关键的是液体分布器的设计,现对液体分布器的设计进行简要介绍。

(1)液体分布器设计的基本要求

性能优良的液体分布器设计时必须满足以下几点:

①液体分布均匀

评价液体分布均匀的标准是:足够的分布点密度;分布点的几何均匀性;降液点间流量的均匀性。

　　a.分布点密度。液体分布器分布点密度的选取与填料类型及规格、塔径大小、操作条件等密切相关,各种文献推荐值也相差很大。大致规律是:塔径越大,分布点密度越小;液体喷淋密度越小,分布点密度越大。对于散装填料,填料尺寸越大,分布点密度越小;对于规整填料,比表面积越大,分布点密度越大。表 5-15、表 5-16 分别列出了散装填料塔和规整填料塔的分布点密度推荐值,可供设计时参考。

表 5-15 Eckert 的散装填料塔分布点密度推荐值	
塔径/mm	分布点密度/(点/m² 截面积)
$D=400$	330
$D=750$	170
$D\geqslant1200$	42

表 5-16 苏尔寿公司的规整填料塔分布点密度推荐值	
填料类型	分布点密度/(点/m² 塔截面)
250Y 孔板波纹填料	$\geqslant100$
500(BX)丝网波纹填料	$\geqslant200$
700(CY)丝网波纹填料	$\geqslant300$

　　b.分布点的几何均匀性。分布点在塔截面上的几何均匀分布是较分布点密度更重要的问题。设计中,一般需通过反复计算和绘图排列,进行比较,选择较佳方案。分布点的排列可采用正方形、正三角形等不同方式。

　　c.降液点间流量的均匀性。为保证各分布点的流量均匀,需要分布器总体的合理设计、精细的制作和正确的安装。高性能的液体分布器,要求各分布点与平均流量的偏差小于 6%。

　　②操作弹性大

　　液体分布器的操作弹性是指液体的最大负荷与最小负荷之比。设计中,一般要求液体分布器的操作弹性为 2～4,对于液体负荷变化很大的工艺过程,有时要求操作弹性达到 10 以上,此时,分布器必须特殊设计。

　　③自由截面积大

　　液体分布器的自由截面积是指气体通道占塔截面积的比值。根据设计经验,性能优良的液体分布器,其自由截面积为 50%～70%。设计中,自由截面积最小应在 35% 以上。

　　④其他

　　液体分布器应结构紧凑、占用空间小、制造容易、调整和维修方便。

　　(2)液体分布器布液能力的计算

　　液体分布器布液能力的计算是液体分布器设计的重要内容。设计时,按其布液作用原理不同和具体结构特性,选用不同的公式计算。

　　①重力型液体分布器布液能力计算

　　重力型液体分布器有多孔型和溢流型两种型式,工业上以多孔型应用为主,其布液工作的动力为开孔上方的液位高度。多孔型分布器布液能力的计算公式为

$$L_s = \frac{\pi}{4} d_0^2 n\varphi \sqrt{2g\left(\frac{\Delta H}{\rho_L g}\right)} \tag{5-56}$$

式中　L_s——液体流量,m³/s;

　　　　n——开孔数目(分布点数目);

　　　　φ——孔流系数,通常取 $\varphi=0.55～0.60$;

　　　　d_0——孔径,m;

ΔH——开孔上方的液位高度，m。

②压力型液体分布器布液能力计算

压力型液体分布器布液工作的动力为压力差（或压降），其布液能力的计算公式为

$$L_s = \frac{\pi}{4} d_0^2 n\varphi \sqrt{2g\left(\frac{\Delta p}{\rho_L g}\right)} \tag{5-57}$$

式中 φ——孔流系数，通常取 $\varphi = 0.60 \sim 0.65$；

Δp——分布器的工作压力差（或压降），Pa。

设计中，液体流量 L_s 为已知，给定开孔上方的液位高度 ΔH（或已知分布器的工作压力差 Δp），依据分布器布液能力计算公式，可设定开孔数目 n，计算孔径 d_0；亦可设定孔径 d_0，计算开孔数目 n。

5.4 塔设备进展

随着塔器新技术的发展与成功运用，以及大宗化工产品的规模化、高效化与大型化生产的需要，塔设备的尺寸形状也发生了较大的变化，塔的直径已经达到 10.0 m 甚至 15.0 m，高度达到 100 m 甚至更高。燕山石化 66 万吨/年乙烯装置的汽油分离塔直径达 9.0 m，全部技术国产化的茂名石化公司 500 万吨/年原油常减压蒸馏装置减压塔直径达 8.4 m。

大直径规整填料、高效填料（TJH 脉冲规整填料、板波纹规整填料、丝网波纹规整填料等），并流喷射复合塔板、双流喷射浮阀塔板（JCV 塔板），大型槽式分布器、管式分布器，高效除雾器，高效塔内件（液体分布器、气体分布器、液体收集器、填料支承和限位装置等）的开发及成功运用为实现大宗化工产品的规模化、高效化与大型化生产提供了有力的保证，但是有关的工业生产与设计数据还没有及时地报道和收集成册，所以，在设计大型塔设备时，数据与资料缺乏。

参考文献

[1] 马烽,陈振,袁芳.化工原理课程设计.北京:化学工业出版社,2021.

[2] 田维亮.化工原理课程设计.北京:化学工业出版社,2019.

[3] 陈国桓,陈刚.化工机械基础.3版.北京:化学工业出版社,2015.

[4] 时钧,汪家鼎,余国琮,等.化学工程手册.2版.北京:化学工业出版社,1996.

[5] 中国石化集团上海工程有限公司.化工工艺设计手册.4版.北京:化学工业出版社,2009.

[6] 兰州石油机械研究所.换热器.北京:中国石化出版社,1990.

[7] 化工设备设计全书编辑委员会.化工设备设计全书——换热器设计.上海:上海科学技术出版社,1988.

[8] 尾花英朗.热交换器设计手册.北京:石油工业出版社,1982.

[9] 王国胜.化工原理.大连:大连理工大学出版社,2010.

[10] 刁玉玮,王立业,喻健良.化工设备机械基础.7版.大连:大连理工大学出版社,2013.

[11] 华南理工大学化工原理教研室.化工过程及设备设计.北京:化学工业出版社,2003.

[12] 施林德尔.换热器设计手册.北京:机械工业出版社,1987.

[13] 聂清德.化工设备设计.北京:化学工业出版社,2002.

[14] 贾绍义,柴诚敬.化工传质与分离过程.2版.北京:化学工业出版社,2007.

[15] 化工设备设计手册编写组.化工设备设计手册2——金属设备.上海:上海人民出版社,1975.

[16] 北京化工研究院"板式塔"专题组.浮阀塔.北京:燃料化学工业出版社,1972.

[17] 路秀林,王者相.化工设备设计全书——塔设备.北京:化学工业出版社,2004.

附　录

化工原理课程设计任务书 1

一、设计题目:分离乙醇-水混合液的浮阀精馏塔

二、原始数据及条件

生产能力:年处理乙醇-水混合液 14 万吨(开工率 300 天/年)

原　　料:乙醇含量为 20%(质量分数,下同)的常温液体

分离要求:塔顶乙醇含量不低于 95%

　　　　　塔底乙醇含量不高于 0.2%

建厂地址:沈阳

第 1 章　　塔板的工艺设计

一、精馏塔全塔物料衡算

F:进料量(kmol/s)，　　　　　x_F:原料组成(摩尔分数,下同)

D:塔顶产品流量(kmol/s)，　x_D:塔顶组成

W:塔底残液流量(kmol/s)，　x_W:塔底组成

原料乙醇组成:
$$x_F = \frac{20/46}{20/46 + 80/18} = 8.91\%$$

塔顶组成:
$$x_D = \frac{95/46}{95/46 + 5/18} = 88.14\%$$

塔底组成:
$$x_W = \frac{0.2/46}{0.2/46 + 99.8/18} = 0.078\%$$

进料量:$F = 14$ 万吨/年 $= \dfrac{14 \times 10^4 \times 10^3 \times [0.2/46 + (1-0.2)/18]}{300 \times 24 \times 3\,600} = 0.263\,5$ kmol/s

物料衡算式:　　　　　　$F = D + W$，　$Fx_F = Dx_D + Wx_W$

联立代入求解:　　　$D = 0.026\,4$ kmol/s，　$W = 0.237\,1$ kmol/s

二、常压下乙醇-水气液平衡组成(摩尔)与温度关系(附表 1-1)

附表 1-1　　　常压下乙醇-水气液平衡组成(摩尔)与温度关系

温度 t/℃	液相组成 x/%	气相组成 y/%	温度 t/℃	液相组成 x/%	气相组成 y/%	温度 t/℃	液相组成 x/%	气相组成 y/%
100	0	0	82.7	23.37	54.45	79.3	57.32	68.41
95.5	1.90	17.00	82.3	26.08	55.80	78.74	67.63	73.85
89.0	7.21	38.91	81.5	32.73	59.26	78.41	74.72	78.15
86.7	9.66	43.75	80.7	39.65	61.22	78.15	89.43	89.43
85.3	12.38	47.04	79.8	50.79	65.64			
84.1	16.61	50.89	79.7	51.98	65.99			

1.温度

利用表中数据由插值法可求得 t_F、t_D、t_W。

$$t_F: \frac{89.0-86.7}{7.21-9.66}=\frac{t_F-89.0}{8.91-7.21}, \quad t_F=87.41 \ ℃$$

$$t_D: \frac{78.15-78.41}{89.43-74.72}=\frac{t_D-78.15}{88.14-89.43}, \quad t_D=78.17 \ ℃$$

$$t_W: \frac{100-95.5}{0-1.90}=\frac{t_W-100}{0.078-0}, \quad t_W=99.82 \ ℃$$

精馏段平均温度：$\bar{t}_1=\dfrac{t_F+t_D}{2}=\dfrac{87.41+78.17}{2}=82.79 \ ℃$

提馏段平均温度：$\bar{t}_2=\dfrac{t_F+t_W}{2}=\dfrac{87.41+99.82}{2}=93.61 \ ℃$

2. 密度

已知：混合液密度：$\dfrac{1}{\rho_L}=\dfrac{a_A}{\rho_A}+\dfrac{a_B}{\rho_B}$（$a$ 为质量分数，$\bar{M}$ 为平均相对分子质量）

混合气密度：$\rho_V=\dfrac{T_0 p \bar{M}}{22.4 T p_0}$

塔顶温度：$t_D=78.17 \ ℃$

气相组成 $y_D: \dfrac{78.41-78.15}{78.15-89.43}=\dfrac{78.17-78.15}{100 y_D-89.43}, \quad y_D=88.56\%$

进料温度：$t_F=87.41 \ ℃$

气相组成 $y_F: \dfrac{89.0-86.7}{38.91-43.75}=\dfrac{89.0-87.41}{38.91-100 y_F}, \quad y_F=42.26\%$

塔底温度：$t_W=99.82 \ ℃$

气相组成 $y_W: \dfrac{100-95.5}{0-17.00}=\dfrac{100-99.82}{0-100 y_W}, \quad y_W=0.68\%$

(1) 精馏段

液相组成 $x_1: x_1=(x_D+x_F)/2, \quad x_1=48.53\%$

气相组成 $y_1: y_1=(y_D+y_F)/2, \quad y_1=65.41\%$

所以　$\bar{M}_{L1}=46×0.485\ 3+18×(1-0.485\ 3)=31.59 \ \text{kg/kmol}$

$\bar{M}_{V1}=46×0.654\ 1+18×(1-0.654\ 1)=36.31 \ \text{kg/kmol}$

(2) 提馏段

液相组成 $x_2: x_2=(x_W+x_F)/2, \quad x_2=4.49\%$

气相组成 $y_2: y_2=(y_W+y_F)/2, \quad y_2=21.47\%$

所以　$\bar{M}_{L2}=46×0.044\ 9+18×(1-0.044\ 9)=19.26 \ \text{kg/kmol}$

$\bar{M}_{V_2}=46×0.214\ 7+18×(1-0.214\ 7)=24.01 \ \text{kg/kmol}$

由不同温度下乙醇和水的密度见附表 1-2：

附表 1-2　　　　不同温度下乙醇和水的密度表

温度/℃	ρ_c/(kg·m^{-3})	ρ_w/(kg·m^{-3})	温度/℃	ρ_c/(kg·m^{-3})	ρ_w/(kg·m^{-3})
80	735	971.8	95	720	961.85
85	730	968.6	100	716	958.4
90	724	965.3			

求得在 t_D、t_F、t_W 下的乙醇和水的密度（单位：kg·m^{-3}）。

$$t_F=87.41 \ ℃, \quad \frac{90-85}{724-730}=\frac{90-87.41}{724-\rho_{cF}}, \quad \rho_{cF}=727.11$$

$$\frac{90-85}{965.3-968.6}=\frac{90-87.41}{965.3-\rho_{wF}}, \qquad \rho_{wF}=967.01$$

$$\frac{1}{\rho_F}=\frac{0.2}{727.11}+\frac{1-0.2}{967.01}, \qquad \rho_F=907.15$$

$t_D=78.17\ ℃,\qquad \dfrac{90-85}{724-730}=\dfrac{90-78.17}{724-\rho_{cD}}, \qquad \rho_{cD}=738.20$

$$\frac{90-85}{965.3-968.6}=\frac{90-78.17}{965.3-\rho_{wD}}, \qquad \rho_{wD}=973.10$$

$$\frac{1}{\rho_D}=\frac{0.95}{738.20}+\frac{1-0.95}{973.10}, \qquad \rho_D=747.38$$

$t_w=99.82\ ℃,\qquad \dfrac{90-85}{724-730}=\dfrac{90-99.82}{724-\rho_{cw}}, \qquad \rho_{cw}=712.22$

$$\frac{90-85}{965.3-968.6}=\frac{90-99.82}{965.3-\rho_{wW}}, \qquad \rho_{wW}=958.82$$

$$\frac{1}{\rho_w}=\frac{0.002}{712.22}+\frac{1-0.002}{958.82}, \qquad \rho_w=957.87$$

所以

$$\rho_{L1}=\frac{\rho_F+\rho_D}{2}=\frac{907.15+747.38}{2}=827.26$$

$$\rho_{L2}=\frac{\rho_w+\rho_F}{2}=\frac{957.87+907.15}{2}=932.51$$

$$\overline{M}_{LD}=x_D\times46+(1-x_D)\times18=42.68\ \text{kg/kmol}$$

$$\overline{M}_{LF}=x_F\times46+(1-x_F)\times18=20.49\ \text{kg/kmol}$$

$$\overline{M}_{LW}=x_w\times46+(1-x_w)\times18=18.02\ \text{kg/kmol}$$

$$\overline{M}_{L1}=\frac{\overline{M}_{LD}+\overline{M}_{LF}}{2}=\frac{42.68+20.49}{2}=31.59\ \text{kg/kmol}$$

$$\overline{M}_{L2}=\frac{\overline{M}_{LW}+\overline{M}_{LF}}{2}=\frac{18.02+20.49}{2}=19.26\ \text{kg/kmol}$$

$$\overline{M}_{VD}=y_D\times46+(1-y_D)\times18=42.80\ \text{kg/kmol}$$

$$\overline{M}_{VF}=y_F\times46+(1-y_F)\times18=29.83\ \text{kg/kmol}$$

$$\overline{M}_{VW}=y_w\times46+(1-y_w)\times18=18.19\ \text{kg/kmol}$$

$$\overline{M}_{V1}=\frac{\overline{M}_{VD}+\overline{M}_{VF}}{2}=\frac{42.80+29.83}{2}=36.32\ \text{kg/kmol}$$

$$\overline{M}_{V2}=\frac{\overline{M}_{VW}+\overline{M}_{VF}}{2}=\frac{18.19+29.83}{2}=24.01\ \text{kg/kmol}$$

$$\rho_{VF}=\frac{29.83\times273.15}{22.4\times(273.15+87.41)}=1.01$$

$$\rho_{VD}=\frac{42.80\times273.15}{22.4\times(273.15+78.17)}=1.49$$

$$\rho_{VW}=\frac{18.19\times273.15}{22.4\times(273.15+99.82)}=0.59$$

$$\rho_{V1}=\frac{1.01+1.49}{2}=1.25$$

$$\rho_{V2}=\frac{1.01+0.59}{2}=0.80$$

3. 混合液体表面张力

二元有机物-水溶液表面张力可用下列公式计算：

$$\sigma_m^{1/4} = \varphi_{sw}\sigma_w^{1/4} + \varphi_{so}\sigma_o^{1/4}$$

注：$\sigma_w = \dfrac{x_w V_w}{x_w V_w + x_o V_o}$，$\sigma_o = \dfrac{x_o V_o}{x_w V_w + x_o V_o}$，$\varphi_{sw} = x_{sw}V_w/V_s$，$\varphi_{so} = \dfrac{x_{so}V_o}{V_s}$，$B = \lg\left(\dfrac{\varphi_w^{\frac{q}{w}}}{\varphi_o}\right)$，

$Q = 0.441 \times \left(\dfrac{q}{T}\right)\left(\dfrac{\sigma_o V_o^{2/3}}{q} - \sigma_w V_w^{2/3}\right)$，$A = B + Q$，$A = \lg\left(\dfrac{\varphi_{sw}^2}{\varphi_o}\right)$，$\varphi_{sw} + \varphi_{so} = 1$

式中，下角标 w、o、s 分别代表水、有机物及表面部分；x_w、x_o 指主体部分的分子数；V_w、V_o 指主体部分的分子体积；σ_w、σ_o 为纯水、有机物的表面张力；对乙醇 $q = 2$。

$$V_{cD} = \frac{m_c}{\rho_{cD}} = \frac{46}{738.20} = 62.31 \text{ mL}, \quad V_{cW} = \frac{m_c}{\rho_{cW}} = \frac{46}{712.22} = 64.59 \text{ mL}$$

$$V_{cF} = \frac{m_c}{\rho_{cF}} = \frac{46}{727.11} = 63.26 \text{ mL}, \quad V_{wF} = \frac{m_w}{\rho_{wF}} = \frac{18}{967.01} = 18.61 \text{ mL}$$

$$V_{wD} = \frac{m_w}{\rho_{wD}} = \frac{18}{973.10} = 18.50 \text{ mL}, \quad V_{wW} = \frac{m_w}{\rho_{wW}} = \frac{18}{958.82} = 18.77 \text{ mL}$$

由不同温度下乙醇和水的表面张力见附表 1-3：

附表 1-3　不同温度下乙醇和水的表面张力表

温度/℃	乙醇表面张力/(10^{-3}N·m^{-1})	水表面张力/(10^{-3}N·m^{-1})
70	18	64.3
80	17.15	62.6
90	16.2	60.7
100	15.2	58.8

求得在 t_D、t_F、t_W 下的乙醇和水的表面张力（单位：10^{-3} N·m^{-1}）：

乙醇表面张力：$\dfrac{90-80}{90-87.41} = \dfrac{16.2-17.15}{16.2-\sigma_{cF}}$，　　$\sigma_{cF} = 16.45$

$\dfrac{80-70}{80-78.17} = \dfrac{17.15-18}{17.15-\sigma_{cD}}$，　　$\sigma_{cD} = 17.31$

$\dfrac{100-90}{100-99.82} = \dfrac{15.2-16.2}{15.2-\sigma_{cW}}$，　　$\sigma_{cW} = 15.22$

水表面张力：$\dfrac{90-80}{90-87.41} = \dfrac{60.7-62.6}{60.7-\sigma_{wF}}$，　　$\sigma_{wF} = 61.19$

$\dfrac{80-70}{80-78.17} = \dfrac{62.6-64.3}{62.6-\sigma_{wD}}$，　　$\sigma_{wD} = 62.91$

$\dfrac{100-90}{100-99.82} = \dfrac{58.8-60.7}{58.8-\sigma_{wW}}$，　　$\sigma_{wW} = 58.83$

塔顶表面张力：$\dfrac{\varphi_{wD}^2}{\varphi_{cD}} = \dfrac{\left[(1-x_D)V_{wD}\right]^2}{x_D V_{wD}\left[(1-x_D)V_{wD} + x_D V_{cD}\right]}$

$= \dfrac{\left[(1-0.881\,4)\times18.50\right]^2}{0.881\,4\times62.31\times(0.118\,6\times18.50 + 0.881\,4\times62.31)} = 0.001\,5$

$B = \lg\left(\dfrac{\varphi_{wD}^2}{\varphi_{cD}}\right) = \lg 0.001\,5 = -2.823\,9$

$Q = 0.441 \times \dfrac{q}{T} \times \left(\dfrac{\sigma_{cD}V_{cD}^{2/3}}{q} - \sigma_{wD}V_{wD}^{2/3}\right)$

$= 0.441 \times \dfrac{2}{273.15+78.17} \times \left[\dfrac{17.31\times(62.31)^{2/3}}{2} - 62.91\times(18.50)^{2/3}\right] =$

$$-0.763\ 8$$

$$A = B + Q = -2.823\ 9 - 0.763\ 8 = -3.587\ 7$$

联立方程组
$$A = \lg\left(\frac{\varphi_{swD}^2}{\varphi_{scD}}\right), \qquad \varphi_{swD} + \varphi_{scD} = 1$$

代入求得
$$\varphi_{swD} = 0.016, \qquad \varphi_{scD} = 0.984$$

$$\sigma_D^{1/4} = 0.016 \times (62.91)^{1/4} + 0.984 \times (17.31)^{1/4}, \qquad \sigma_D = 17.73$$

原料表面张力：
$$\frac{\varphi_{wF}^2}{\varphi_{cF}} = \frac{\left[(1-x_F)V_{wF}\right]^2}{x_F V_{cF}\left[(1-x_F)V_{wF} + x_F V_{cF}\right]}$$

$$= \frac{\left[(1-0.089\ 1) \times 18.61\right]^2}{0.089\ 1 \times 63.26 \times (0.910\ 9 \times 18.61 + 0.089\ 1 \times 63.26)} = 2.257$$

$$B = \lg\left(\frac{\varphi_{wF}^2}{\varphi_{cF}}\right) = \lg 2.257 = 0.353\ 5$$

$$Q = 0.441 \times \frac{q}{T} \times \left[\frac{\sigma_{cF} V_{cF}^{2/3}}{q} - \sigma_{wF} V_{wF}^{2/3}\right]$$

$$= 0.441 \times \frac{2}{273.15 + 87.41} \times \left[\frac{16.45 \times (63.26)^{2/3}}{2} - 61.19 \times (18.61)^{2/3}\right] = -0.730\ 1$$

$$A = B + Q = 0.353\ 5 - 0.730\ 1 = -0.376\ 6$$

联立方程组
$$A = \lg\left(\frac{\varphi_{swF}^2}{\varphi_{scF}}\right), \qquad \varphi_{swF} + \varphi_{scF} = 1$$

代入求得
$$\varphi_{swF} = 0.471, \qquad \varphi_{scF} = 0.529$$

$$\sigma_F^{1/4} = 0.471 \times (61.19)^{1/4} + 0.529 \times (16.45)^{1/4}, \qquad \sigma_F = 32.19$$

塔底表面张力：
$$\frac{\varphi_{wW}^2}{\varphi_{cW}} = \frac{\left[(1-x_W)V_{wW}\right]^2}{x_W V_{cW}\left[(1-x_W)V_{wW} + x_W V_{cW}\right]}$$

$$= \frac{\left[(1-0.000\ 78) \times 18.77\right]^2}{0.000\ 78 \times 64.59 \times (0.999\ 22 \times 18.77 + 0.000\ 78 \times 64.59)} = 362.64$$

$$B = \lg\left(\frac{\varphi_{wW}^2}{\varphi_{cW}}\right) = \lg 362.64 = 2.559$$

$$Q = 0.441 \times \frac{q}{T} \times \left[\frac{\sigma_{cW} V_{cW}^{2/3}}{q} - \sigma_{wW} V_{wW}^{2/3}\right]$$

$$= 0.441 \times \frac{2}{273.15 + 99.82} \times \left[\frac{15.22 \times (64.59)^{2/3}}{2} - 58.83 \times (18.77)^{2/3}\right]$$

$$= -0.694$$

$$A = B + Q = 2.559 - 0.694 = 1.865$$

联立方程组
$$A = \lg\left(\frac{\varphi_{swW}^2}{\varphi_{scW}}\right), \qquad \varphi_{swW} + \varphi_{scW} = 1$$

代入求得
$$\varphi_{swW} = 0.985, \qquad \varphi_{scW} = 0.015$$

$$\sigma_W^{1/4} = 0.985 \times (58.83)^{1/4} + 0.015 \times (15.22)^{1/4}, \qquad \sigma_W = 58.03$$

精馏段的平均表面张力：
$$\sigma_1 = (\sigma_F + \sigma_D)/2 = 24.96$$

提馏段的平均表面张力：
$$\sigma_2 = (\sigma_F + \sigma_W)/2 = 45.11$$

4.混合物的黏度

$\bar{t}_1 = 82.79$ ℃,查表得 $\mu_{水} = 0.343\ 9$ mPa·s, $\mu_{醇} = 0.433$ mPa·s

$\bar{t}_2 = 93.62$ ℃,查表得 $\mu'_{水} = 0.298$ mPa·s, $\mu'_{醇} = 0.381$ mPa·s

精馏段黏度：$\mu_1 = \mu_{醇} x_1 + \mu_{水}(1-x_1)$

$$=0.433 \times 0.485\,3 + 0.343\,9 \times (1-0.485\,3) = 0.387\,1 \text{ mPa} \cdot \text{s}$$

提馏段黏度：$\mu_2 = \mu'_{醇} x_2 + \mu'_{水}(1-x_2)$

$$=0.381 \times 0.044\,9 + 0.298 \times (1-0.044\,9) = 0.301\,7 \text{ mPa} \cdot \text{s}$$

5. 相对挥发度

由 $x_F = 0.089\,1$，$y_F = 0.422\,6$，得

$$\alpha_F = \frac{0.422\,6}{0.089\,1} \Big/ \left(\frac{1-0.422\,6}{1-0.089\,1}\right) = 7.48$$

由 $x_D = 0.881\,4$，$y_D = 0.885\,6$，得

$$\alpha_D = \frac{0.885\,6}{0.881\,4} \Big/ \left(\frac{1-0.885\,6}{1-0.881\,4}\right) = 1.04$$

由 $x_W = 0.000\,78$，$y_W = 0.006\,8$，得

$$\alpha_W = \frac{0.006\,8}{0.000\,78} \Big/ \left(\frac{1-0.006\,8}{1-0.000\,78}\right) = 8.77$$

精馏段的平均相对挥发度：$\alpha_1 = \dfrac{7.48+1.04}{2} = 4.26$

提馏段的平均相对挥发度：$\alpha_2 = \dfrac{7.48+8.77}{2} = 8.13$

6. 气液相体积流量计算

根据 x-y 图查图计算，或由解析法计算求得：$R_{\min} = 2.713$

取 $R = 1.5 R_{\min} = 1.5 \times 2.713 = 4.07$

（1）精馏段

$$L = RD = 4.07 \times 0.026\,4 = 0.107 \text{ kmol/s}$$

$$V = (R+1)D = (4.07+1) \times 0.026\,4 = 0.134 \text{ kmol/s}$$

已知 $\overline{M}_{L1} = 31.59 \text{ kg/kmol}$，$\overline{M}_{V1} = 36.32 \text{ kg/kmol}$，$\rho_{L1} = 827.26 \text{ kg/m}^3$，$\rho_{V1} = 1.25 \text{ kg/m}^3$，则

质量流量：$L_1 = \overline{M}_{L1} L = 31.59 \times 0.107 = 3.380 \text{ kg/s}$

$$V_1 = \overline{M}_{V1} V = 36.32 \times 0.134 = 4.87 \text{ kg/s}$$

体积流量：$L_{s1} = \dfrac{L_1}{\rho_{L1}} = \dfrac{3.380}{827.26} = 4.09 \times 10^{-3} \text{ m}^3/\text{s}$

$$V_{s1} = \frac{V_1}{\rho_{V1}} = \frac{4.87}{1.25} = 3.90 \text{ m}^3/\text{s}$$

（2）提馏段　因本设计为饱和液体进料，所以 $q = 1$。

$$L' = L + qF = 0.107 + 1 \times 0.263\,5 = 0.370\,5 \text{ kmol/s}$$

$$V' = V + (q-1)F = 0.134 \text{ kmol/s}$$

已知 $\overline{M}_{L2} = 19.26 \text{ kg/kmol}$，$\overline{M}_{V2} = 24.01 \text{ kg/kmol}$，$\rho_{L2} = 932.51 \text{ kg/m}^3$，$\rho_{V2} = 0.80 \text{ kg/m}^3$，则

质量流量：$L_2 = \overline{M}_{L2} L' = 19.26 \times 0.370\,5 = 7.14 \text{ kg/s}$

$$V_2 = \overline{M}_{V2} V' = 24.01 \times 0.134 = 3.22 \text{ kg/s}$$

体积流量：$L_{s2} = \dfrac{L_2}{\rho_{L2}} = \dfrac{7.14}{932.51} = 7.66 \times 10^{-3} \text{ m}^3/\text{s}$

$$V_{s2} = \frac{V_2}{\rho_{V2}} = \frac{3.22}{0.80} = 4.03 \text{ m}^3/\text{s}$$

三、理论塔板的计算

理论板：指离开此板的气液两相平衡，而且塔板上液相组成均匀。

理论板的计算方法：可采用逐板计算法、图解法，在本次实验设计中采用图解法。

根据 $1.013\,25 \times 10^5$ Pa 下乙醇-水的气液平衡组成可绘出平衡曲线，即 x-y 曲线图。泡点进料，所

以 $q=1$，即 q 为一直线。本平衡具有下凹部分，操作线尚未落到平衡线，已与平衡线相切。（图略）$x_q=0.089\,1$，$y_q=0.302\,5$，所以 $R_{min}=2.713$，操作回流比 $R=1.5R_{min}=1.5\times2.713=4.07$。

已知：精馏段操作线方程：$y_{n+1}=\dfrac{R}{R+1}x_n+\dfrac{x_D}{R+1}=0.803x_n+0.174$

提馏段操作线方程：$y_{n+1}=\dfrac{L+qF}{L+qF-W}x_m-\dfrac{Wx_W}{L+qF-W}=2.777x_m-0.001\,39$

在图上作操作线，由点 $(0.881\,4,0.881\,4)$ 起在平衡线与精馏段操作线间画阶梯，过精馏段操作线与 q 线交点，直到阶梯与平衡线的交点小于 $0.000\,78$ 为止，由此得到理论板 $N_T=26$ 块（包括再沸器），加料板为第 24 块理论板。

板效率与塔板结构、操作条件、物质的物理性质及流体力学性质有关，它反映了实际塔板上传质过程进行的程度。板效率可用奥康奈尔公式计算：

$$E_T=0.49(\alpha\mu_L)^{-0.245}$$

式中　α——塔顶与塔底平均温度下的相对挥发度；

μ_L——塔顶与塔底平均温度下的液相黏度 mPa·s。

（1）精馏段

已知：$\alpha=4.26$，$\mu_{L1}=0.387\,1$ mPa·s，所以

$$E_T=0.49\times(4.26\times0.387\,1)^{-0.245}=0.43,\quad N_{P精}=\dfrac{N_T}{E_T}=\dfrac{23}{0.43}=53\text{ 块}$$

（2）提馏段

已知 $\alpha'=8.13$，$\mu_{L2}=0.301\,7$ mPa·s，所以

$$E_T'=0.49\times(8.13\times0.301\,7)^{-0.245}=0.39,\quad N_{P提}=\dfrac{N_T'}{E_T'}=\dfrac{3-1}{0.39}=5\text{ 块}$$

全塔所需实际塔板数：$N_P=N_{P精}+N_{P提}=53+5=58$ 块

全塔效率：$E_T=\dfrac{N_T}{N_P}\times100\%=\dfrac{26-1}{58}\times100\%=43.1\%$

加料板位置在第 54 块塔板。

四、塔径的初步设计

1. 精馏段

由 $u=(\text{安全系数})\times u_{max}$，安全系数$=0.6\sim0.8$，$u_{max}=C\sqrt{\dfrac{\rho_L-\rho_V}{\rho_V}}$，式中 C 可由史密斯关联图查出。

横坐标数值：$\dfrac{L_{s1}}{V_{s1}}\times\left(\dfrac{\rho_{L1}}{\rho_{V1}}\right)^{1/2}=\dfrac{4.09\times10^{-3}}{3.90}\times\left(\dfrac{827.26}{1.25}\right)^{1/2}=0.027$

取板间距：$H_T=0.45$ m，$h_L=0.07$ m，则 $H_T-h_L=0.38$ m

查图可知 $C_{20}=0.076$，　$C=C_{20}\left(\dfrac{\sigma_1}{20}\right)^{0.2}=0.076\times\left(\dfrac{24.96}{20}\right)^{0.2}=0.08$

$$u_{max}=0.08\times\sqrt{\dfrac{827.26-1.25}{1.25}}=2.06\text{ m/s}$$

$$u_1=0.7u_{max}=0.7\times2.06=1.44\text{ m/s}$$

$$D_1=\sqrt{\dfrac{4V_{s1}}{\pi u_1}}=\sqrt{\dfrac{4\times3.90}{3.14\times1.44}}=1.86\text{ m}$$

圆整：$D_1=2$ m，横截面积：$A_T=0.785\times2^2=3.14$ m²，空塔气速：$u_1'=\dfrac{3.90}{3.14}=1.24$ m/s

2.提馏段

横坐标数值：$\dfrac{L_{s2}}{V_{s2}} \times \left(\dfrac{\rho_{L2}}{\rho_{V2}}\right)^{1/2} = \dfrac{7.66\times10^{-3}}{4.03} \times \left(\dfrac{932.51}{0.80}\right)^{1/2} = 0.065$

取板间距：$H_T' = 0.45$ m，$h_L' = 0.07$ m，则 $H_T' - h_L' = 0.38$ m

查图可知：$C_{20} = 0.076$，　$C = C_{20}\left(\dfrac{\sigma_2}{20}\right)^{0.2} = 0.076 \times \left(\dfrac{45.11}{20}\right)^{0.2} = 0.089$

$$u_{max} = 0.089 \times \sqrt{\dfrac{932.51-0.80}{0.80}} = 3.04 \text{ m/s}$$

$$u_2 = 0.7u_{max} = 0.7 \times 3.04 = 2.13 \text{ m/s}$$

$$D_2 = \sqrt{\dfrac{4V_{s2}}{\pi u_2}} = \left(\dfrac{4\times4.03}{3.14\times2.13}\right)^{1/2} = 1.55 \text{ m}$$

圆整：$D_2 = 2$ m，横截面积：$A_T' = 0.785 \times 2^2 = 3.14$ m²，空塔气速：$u_2' = \dfrac{4.03}{3.14} = 1.28$ m/s

五、溢流装置

1.堰长 l_W

取 $l_W = 0.65D = 0.65 \times 2 = 1.3$ m

出口堰高：本设计采用平直堰，堰上液高度 h_{OW} 按下式计算：

$$h_{OW} = \dfrac{2.84}{1000}E\left(\dfrac{L_h}{l_W}\right)^{2/3} \quad (\text{近似取 } E=1)$$

（1）精馏段

$$h_{OW} = \dfrac{2.84}{1000} \times \left(\dfrac{3600\times4.09\times10^{-3}}{1.3}\right)^{2/3} = 0.014 \text{ m}$$

$$h_W = h_L - h_{OW} = 0.07 - 0.014 = 0.056 \text{ m}$$

（2）提馏段

$$h_{OW}' = \dfrac{2.84}{1000} \times \left(\dfrac{3600\times7.66\times10^{-3}}{1.3}\right)^{2/3} = 0.022 \text{ m}$$

$$h_W' = h_L' - h_{OW}' = 0.07 - 0.022 = 0.048 \text{ m}$$

2.方形降液管的宽度和横截面积

查图得 $\dfrac{A_F}{A_T} = 0.0721$，$\dfrac{W_D}{D} = 0.124$，则

$$A_F = 0.0721 \times 3.14 = 0.226 \text{ m}^2,\ W_D = 0.124 \times 2 = 0.248 \text{ m}$$

验算降液管内停留时间：

精馏段：$\theta = \dfrac{A_F H_T}{L_{s1}} = \dfrac{0.226\times0.45}{4.09\times10^{-3}} = 24.87$ s

提馏段：$\theta' = \dfrac{A_F H_T'}{L_{s2}} = \dfrac{0.226\times0.45}{7.66\times10^{-3}} = 13.28$ s

停留时间 $\theta > 5$ s，故降液管可使用。

3.降液管底隙高度

（1）精馏段

取降液管底隙的流速 $u_0 = 0.13$ m/s，则 $h_0 = \dfrac{L_{s1}}{l_W u_0} = \dfrac{4.09\times10^{-3}}{1.3\times0.13} = 0.024$ m，取 $h_0 = 0.02$ m

（2）提馏段

取 $u_0' = 0.13$ m/s，$h_0' = \dfrac{L_{s2}}{l_W u_0'} = \dfrac{7.66\times10^{-3}}{1.3\times0.13} = 0.045$ m，取 $h_0' = 0.05$ m

六、塔板分布、浮阀数目与排列

1. 塔板分布

本设计塔径 $D = 2.0$ m。采用分块式塔板，以便通过人孔装拆塔板。

2. 浮阀数目与排列

(1) 精馏段

取阀孔动能因子 $F_0 = 12$，则孔速 u_{01} 为

$$u_{01} = \frac{F_0}{\sqrt{\rho_{V1}}} = \frac{12}{\sqrt{1.25}} = 10.73 \text{ m/s}$$

每层塔板上浮阀数目为

$$N = \frac{V_{s1}}{\frac{\pi}{4} d_0^2 u_{01}} = \frac{3.90}{0.785 \times 0.039^2 \times 10.73} = 304 \text{ 个}$$

取边缘区宽度 $W_C = 0.06$ m，破沫区宽度 $W_S = 0.10$ m。

计算塔板上的鼓泡区面积，即

$$A_a = 2\left(x\sqrt{R^2 - x^2} + \frac{\pi}{180} R^2 \arcsin \frac{x}{R} \right)$$

其中

$$R = \frac{D}{2} - W_C = \frac{2}{2} - 0.06 = 0.94 \text{ m}$$

$$x = \frac{D}{2} - (W_D + W_S) = \frac{2}{2} - (0.248 + 0.10) = 0.652 \text{ m}$$

所以

$$A_a = 2\left[0.652 \times \sqrt{0.94^2 - 0.652^2} + \frac{3.14}{180} \times 0.94^2 \arcsin\left(\frac{0.652}{0.94}\right) \right] = 2.24 \text{ m}^2$$

浮阀排列方式采用等腰三角形叉排，取同一个横排的孔心距 $t = 75$ mm。

排间距：

$$t' = \frac{A_a}{N_t} = \frac{2.24}{304 \times 0.075} = 0.098 \text{ m} = 98 \text{ mm}$$

若考虑到塔的直径较大，必须采用分块式塔板，而各分块的支撑与衔接也要占去一部分鼓泡区面积，因此排间距不宜采用 98 mm，而应小些，故取 $t' = 65$ mm $= 0.065$ m，按 $t = 75$ mm，$t' = 90$ mm，以等腰三角形叉排方式作图，排得阀数 316 个。

按 $N = 316$ 重新核算孔速及阀孔动能因子：

$$u'_{01} = \frac{3.90}{\frac{\pi}{4} \times 0.039^2 \times 316} = 10.34 \text{ m/s}$$

$$F'_{01} = 10.34 \times \sqrt{1.25} = 11.56$$

阀孔动能因子变化不大，仍在 9～13 范围内。

$$塔板开孔率 = \frac{u}{u'_{01}} = \frac{1.24}{10.34} \times 100\% = 11.99\%$$

(2) 提馏段

取阀孔动能因子 $F_0 = 12$，则孔速 $u_{02} = \frac{F_0}{\sqrt{\rho_{V2}}} = \frac{12}{\sqrt{0.80}} = 13.42$ m/s

每层塔板上浮阀数目为 $N' = \frac{V_{s2}}{\frac{\pi}{4} d_0^2 u_{02}} = \frac{4.03}{0.785 \times 0.039^2 \times 13.42} = 252 \text{ 个}$

按 $t = 75$ mm，估算排间距 $t' = \frac{2.24}{252 \times 0.075} = 0.119 \text{ m} = 119 \text{ mm}$

取 $t'=80$ mm，排得阀数为 280 个。

按 $N=280$ 重新核算孔速及阀孔动能因子

$$u'_{02}=\frac{4.03}{0.785\times0.039^2\times280}=12.05 \text{ m/s}$$

$$F'_{02}=12.05\times\sqrt{0.80}=10.78$$

阀孔动能因子变化不大，仍在 9～13 范围内。

塔板开孔率 $=\dfrac{u}{u'_{02}}=\dfrac{1.28}{12.05}\times100\%=10.62\%$

第2章　塔板的流体力学计算

一、气相通过浮阀塔板的压降

可根据 $h_p=h_c+h_1+h_\sigma$，$\Delta p_p=h_p\rho_L g$ 计算。

1. 精馏段

（1）干板阻力

$$u_{0c1}=\sqrt[1.825]{\frac{73.1}{\rho_{V1}}}=\sqrt[1.825]{\frac{73.1}{1.25}}=9.29 \text{ m/s}$$

因 $u_{01}>u_{0c1}$，故　$h_{c1}=5.34\times\dfrac{\rho_{V1}u_{01}^2}{2\rho_{L1}g}=5.34\times\dfrac{1.25\times10.73^2}{2\times827.26\times9.8}=0.05$ m

（2）板上充气液层阻力

取 $\varepsilon_0=0.5$，$h_L=0.07$ m，则 $h_{l1}=\varepsilon_0 h_L=0.5\times0.07=0.035$ m

（3）液体表面张力所造成的阻力

此阻力很小，可忽略不计，因此与气体流经塔板的压降相当的液柱高度为

$$h_{p1}=0.05+0.035=0.085 \text{ m}$$

$$\Delta p_{p1}=h_{p1}\rho_{L1}g=0.085\times827.26\times9.8=689.11 \text{ Pa}$$

2. 提馏段

（1）干板阻力

$$u_{0c2}=\sqrt[1.825]{\frac{73.1}{\rho_{V2}}}=\sqrt[1.825]{\frac{73.1}{0.80}}=11.87 \text{ m/s}$$

因 $u_{02}>u_{0c2}$，故

$$h_{c2}=5.34\times\frac{\rho_{V2}u_{02}^2}{2\rho_{L2}g}=5.34\times\frac{13.42^2\times0.80}{2\times932.51\times9.8}=0.042 \text{ m}$$

（2）板上充气液层阻力

取 $\varepsilon_0=0.5$，$h_L=0.07$m，则 $h_{l2}=\varepsilon_0 h_L=0.5\times0.07=0.035$ m

（3）液体表面张力所造成的阻力

此阻力很小，可忽略不计，因此与气体流经塔板的压降相当的液柱高度为

$$h_{p2}=0.042+0.035=0.077 \text{ m}$$

$$\Delta p_{p2}=h_{p2}\rho_{L2}g=0.077\times932.51\times9.8=703.67 \text{ Pa}$$

二、淹塔

为了防止淹塔现象的发生，要求控制降液管中清液高度 $H_d\leqslant\varphi(H_T+h_w)$，即 $H_d=h_p+h_L+h_d$

1. 精馏段

(1)单层气体通过塔板的压降相当的液柱高度　$h_{p1}=0.085$ m

(2)液体通过降液管的压头损失

$$h_{d1}=0.153\left(\frac{L_{s1}}{l_w h_0}\right)^2=0.153\times\left(\frac{4.09\times10^{-3}}{1.3\times0.024}\right)^2=0.002\ 6\text{ m}$$

(3)板上液层高度

$h_L=0.07$ m,则 $H_{d1}=0.085+0.002\ 6+0.07=0.157\ 6$ m

取 $\varphi=0.5$,已选定 $H_T=0.45$ m,$h_w=0.056$ m,则

$$\varphi(h_w+H_T)_1=0.5\times(0.056+0.45)=0.253\text{ m}$$

可见 $H_{d1}<\varphi(H_T+h_w)_1$,所以符合防止淹塔的要求。

2. 提馏段

(1)单板压降所相当的液柱高度 $h_{p2}=0.077$ m

(2)液体通过降液管的压头损失

$$h_{d2}=0.153\left(\frac{L_{s2}}{l_w h_0'}\right)^2=0.153\times\left(\frac{7.66\times10^{-3}}{1.3\times0.045}\right)^2=0.002\ 6\text{ m}$$

(3)板上液层高度

$h_L=0.07$ m,则 $H_{d2}=0.077+0.002\ 6+0.07=0.149\ 6$ m

取 $\varphi=0.5$,已选定 $H_T'=0.45$ m,$h_w'=0.048$ m,则

$$\varphi(H_T+h_w)_2=0.5\times(0.45+0.048)=0.249\text{ m}$$

可见 $H_{d2}<\varphi(H_T+h_w)_2$,所以符合防止淹塔的要求。

三、物沫夹带

1. 精馏段

$$\text{泛点率}=\frac{V_{s1}\sqrt{\dfrac{\rho_{V1}}{\rho_{L1}-\rho_{V1}}}+1.36L_{s1}Z_L}{KC_F A_b}\times100\%$$

板上液体流经长度:$Z_L=D-2W_D=2-2\times0.248=1.504$ m

板上液流面积:$A_b=A_T-2A_F=3.14-2\times0.226=2.688$ m^2

取物性系数 $K=1.0$,泛点负荷系数 $C_F=0.103$

$$\text{泛点率}=\frac{3.90\sqrt{\dfrac{1.25}{827.26-1.25}}+1.36\times4.09\times10^{-3}\times1.504}{1.0\times0.103\times2.688}=57.92\%$$

对于大塔,为了避免过量物沫夹带,应控制泛点率不超过80%,由以上计算可知,物沫夹带能够满足 $e_V<0.11$ kg(液/kg 气)的要求。

2. 提馏段

取系数 $K=1.0$,泛点负荷系数 $C_F=0.101$,

$$\text{泛点率}=\frac{4.03\sqrt{\dfrac{0.80}{932.51-0.80}}+1.36\times7.66\times10^{-3}\times1.504}{1.0\times0.101\times2.688}=49.24\%$$

由以上计算可知,符合要求。

四、塔板负荷性能图

1. 物沫夹带线

$$\text{泛点率}=\frac{V_s\sqrt{\dfrac{\rho_V}{\rho_L-\rho_V}}+1.36L_s Z_L}{KC_F A_b}\times100\%$$

据此可作出负荷性能图中的物沫夹带线。按泛点率 80% 计算。

(1)精馏段

$$0.8 = \frac{V_s \sqrt{\dfrac{1.25}{827.26 - 1.25}} + 1.36 \times 1.504 L_s}{1.0 \times 0.103 \times 2.688}$$

整理得：$0.221 = 0.038\,9V_s + 2.045L_s$，即 $V_s = 5.68 - 52.57L_s$

由上式知物沫夹带线为直线，则在操作范围内任取两个 L_s 值，可算出 V_s。

(2)提馏段

$$0.8 = \frac{V_s' \sqrt{\dfrac{0.80}{932.51 - 0.80}} + 1.36 \times 1.504 L_s'}{1.0 \times 0.101 \times 2.688}$$

整理得：$0.217 = 0.029\,3V_s' + 2.045L_s'$，即 $V_s' = 7.41 - 69.80L_s'$

在操作范围内，任取若干个 L_s' 值，算出相应的 V_s' 值。

计算见附表 1-4：

附表 1-4　　　　计算结果 1

精馏段		提馏段	
$L_s/(\text{m}^3/\text{s})$	$V_s/(\text{m}^3/\text{s})$	$L_s'/(\text{m}^3/\text{s})$	$V_s'/(\text{m}^3/\text{s})$
0.002	5.57	0.002	7.27
0.01	5.15	0.01	6.71

2.液泛线

$$\varphi(H_T + h_w) = h_p + h_L + h_d = h_c + h_1 + h_\sigma + h_L + h_d$$

由此确定液泛线，忽略式中 h_σ

$$\varphi(H_T + h_w) = 5.34 \times \frac{\rho_V u_0^2}{2\rho_L g} + 0.153 \times \left(\frac{L_s}{l_w h_0}\right)^2 + (1 + \varepsilon_0)\left[h_w + \frac{2.84}{1\,000}E\left(\frac{3\,600L_s}{l_w}\right)^{2/3}\right]$$

而

$$u_0 = \frac{V_s}{\dfrac{\pi}{4}d_0^2 N}$$

(1)精馏段

$$0.253 = 5.34 \times \frac{1.25 \times V_{s1}^2}{0.785^2 \times 316^2 \times 0.039^4 \times 827.26 \times 2 \times 9.8} + 157.16L_{s1}^2 + 1.5 \times (0.056 + 0.56\,L_{s1}^{2/3})$$

整理得：$V_{s1}^2 = 58.27 - 54\,193.10\,L_{s1}^2 - 289.66\,L_{s1}^{2/3}$

(2)提馏段

$$0.249 = 5.34 \times \frac{0.80 \times V_{s2}^2}{0.785^2 \times 280^2 \times 0.039^4 \times 932.51 \times 2 \times 9.8} + 44.71L_{s2}^2 + 0.072 + 0.84L_{s2}^{2/3}$$

整理得：$V_{s2}^2 = 84.69 - 21\,392.34L_{s2}^2 - 401.91L_{s2}^{2/3}$

在操作范围内，任取若干个 L_s 值，算出相应的 V_s 值。

计算见附表 1-5：

附表 1-5　　　　计算结果 2

精馏段		提馏段	
$L_{s1}/(\text{m}^3/\text{s})$	$V_{s1}/(\text{m}^3/\text{s})$	$L_{s2}/(\text{m}^3/\text{s})$	$V_{s2}/(\text{m}^3/\text{s})$
0.001	7.44	0.001	8.98
0.003	7.20	0.003	8.74
0.004	7.08	0.004	8.50
0.007	6.71	0.007	8.22

3.液相负荷上限

液体的最大流量应保证降液管中停留时间不低于 3～5 s。

液体降液管内停留时间：
$$\theta = \frac{A_F H_T}{L_s} = 3 \sim 5 \text{ s}$$

以 $\theta = 5$ s 作为液体在降液管内停留时间的下限，则

$$(L_s)_{max} = \frac{A_F H_T}{5} = \frac{0.226 \times 0.45}{5} = 0.02 \text{ m}^3/\text{s}$$

4.漏液线

对于 F_1 型重阀，依 $F_0 = 5$ 作为规定气体最小负荷的标准，则 $V_s = \frac{\pi}{4} d_0^2 N u_0$

精馏段：
$$(V_{s1})_{min} = \frac{\pi}{4} \times 0.039^2 \times 316 \times \frac{5}{\sqrt{1.25}} = 1.69 \text{ m}^3/\text{s}$$

提馏段：
$$(V_{s2})_{min} = \frac{\pi}{4} \times 0.039^2 \times 280 \times \frac{5}{\sqrt{0.8}} = 1.88 \text{ m}^3/\text{s}$$

5.液相负荷下限线

取堰上液层高度 $h_{OW} = 0.006$ m 作为液相负荷下限条件，作出液相负荷下限线，该线为与气相流量无关的竖直线。

$$\frac{2.84}{1\,000} E \left[\frac{3\,600(L_s)_{min}}{l_W} \right]^{2/3} = 0.006$$

取 $E = 1.0$，则 $(L_s)_{min} = \left(\frac{0.006 \times 1\,000}{2.84 \times 1} \right)^{3/2} \frac{l_W}{3\,600} = 0.001 \text{ m}^3/\text{s}$

由以上 1～5 作出塔板负荷性能图（图略）

由塔板负荷性能图可看出：

(1)在任务规定的气液负荷下的操作点 p（设计点）处在适宜操作区内的适中位置；

(2)塔板的气相负荷上限完全由物沫夹带控制，操作下限由漏液控制；

(3)按固定的液气比，由图可查出塔板的气相负荷上限 $(V_s)_{max} = 5.79(7.54)$ m^3/s，气相负荷下限 $(V_s)_{min} = 1.8(2.1)$ m^3/s。

所以：精馏段操作弹性 $= \frac{5.79}{3.90} = 1.5$，提馏段操作弹性 $= \frac{7.54}{4.03} = 1.9$。具体见附表 1-6。

附表 1-6   计算结果 3

项目	符号	单位	计算数据 精馏段	计算数据 提馏段	备注
塔径	D	m	2	2	
板间距	H_T	m	0.45	0.45	
塔板类型			单溢流弓形降液管		分块式塔板
空塔气速	u	m/s	1.24	1.28	
堰长	l_W	m	1.3	1.3	
堰高	h_W	m	0.056	0.048	
板上液层高度	h_L	m	0.07	0.07	
降液管底隙高	h_0	m	0.024	0.045	
浮阀数	N		316	280	等腰三角形叉排
阀孔气速	u_0	m/s	10.73	13.42	
浮阀动能因子	F_0		11.56	10.78	
临界阀孔气速	u_{0c}	m/s	9.29	11.87	
孔心距	t	m	0.075	0.075	同一横排孔心距
排间距	t'	m	0.098	0.119	相邻横排中心距离

（续表）

项目	符号	单位	计算数据		备注
			精馏段	提馏段	
单板压降	Δp_p	Pa	689.11	703.67	
降液管内清液层高度	H_d	m	0.1576	0.1496	
泛点率		%	57.92	49.24	
气相负荷上限	$(V_s)_{max}$	m^3/s	5.79	7.54	
气相负荷下限	$(V_s)_{min}$	m^3/s	1.8	2.1	物沫夹带控制
操作弹性			1.5	1.9	漏液控制

第3章　塔附件设计

一、接管

1. 进料管

进料管的结构类型很多，有直管进料管、弯管进料管、T形进料管。本设计采用直管进料管。管径计算如下：

$$D = \sqrt{\frac{4V_s}{\pi u_F}} \qquad 取\ u_F = 1.6\ m/s, \quad \rho_L = 907.15\ kg/m^3$$

$$V_s = \frac{14 \times 10^7}{3\ 600 \times 300 \times 24 \times 907.15} = 0.006\ 0\ m^3/s$$

$$D = \sqrt{\frac{4 \times 0.006\ 0}{3.14 \times 1.6}} = 0.069\ m = 69\ mm$$

查标准系列选取 $\phi 76 \times 4$

2. 回流管

采用直管回流管，取 $u_R = 1.6\ m/s$

$$d_R = \sqrt{\frac{4 \times \frac{3.38}{747.38}}{3.14 \times 1.6}} = 0.060\ m$$

查表取 $\phi 57 \times 3.5$

3. 塔底出料管

取 $u_W = 1.6\ m/s$，直管出料

$$d_W = \sqrt{\frac{4 \times \frac{0.237\ 1 \times 18.02}{957.87}}{3.14 \times 1.6}} = 0.060\ m$$

查表取 $\phi 89 \times 4$

4. 塔顶蒸气出料管

直管出气，取出口气速 $u = 20\ m/s$，则

$$D = \sqrt{\frac{4 \times 3.90}{3.14 \times 20}} = 0.498\ m = 498\ mm$$

查表取 $\phi 530 \times 9$

5. 塔底进气管

采用直管,取气速 $u=23$ m/s,则

$$D=\sqrt{\frac{4\times4.03}{3.14\times23}}=472\text{ mm}$$

查表取 $\phi530\times9$

6. 法兰

由于常压操作,所有法兰均采用标准管法兰,平焊法兰,由不同的公称直径,选用相应法兰。

进料管接管法兰:P_g6D_g 70HG5010-58

回流管接管法兰:P_g6D_g 60HG5010-58

塔底出料管法兰:P_g6D_g 80HG5010-58

塔顶蒸气管法兰:P_g6D_g 500HG5010-58

塔釜蒸气进气法兰:P_g6D_g 550HG5010-58

二、筒体与封头

1. 筒体

$$\delta=\frac{1.05\times6\times2\,000}{2\times1\,250\times0.9}+0.2=5.8\text{ mm}$$

壁厚选 6 mm,所用材质为 A_3。

2. 封头

封头分为椭圆形封头、蝶形封头等几种,本设计采用椭圆形封头,由公称直径 $d_g=2\,000$ mm,查得曲面高度 $h_1=450$ mm,直边高度 $h_0=40$ mm,内表面积 $F_{封}=3.73$ m²,容积 $V_{封}=0.866$ m³。选用封头 $D_g1\,800\times6$,JB1154-73。

三、除沫器

在空塔气速较大,塔顶带液现象严重,以及工艺过程中不许出塔气速夹带雾滴的情况下,设置除沫器,以减少液体夹带损失,确保气体纯度,保证后续设备的正常操作。本设计采用丝网除沫器,其具有比表面积大、质量轻、空隙大及使用方便等优点。

设计气速选取:

$$u=K'\sqrt{\frac{\rho_L-\rho_V}{\rho_V}}\quad(系数\ K'=0.107)$$

$$u=0.107\times\sqrt{\frac{827.26-1.25}{1.25}}=2.75\text{ m/s}$$

除沫器直径:$D=\sqrt{\dfrac{4V_s}{\pi u}}=\sqrt{\dfrac{4\times3.90}{3.14\times2.75}}=1.34$ m

选取不锈钢除沫器

类型:标准型;规格:40-100;材料:不锈钢丝网(1Cr18Ni9Ti);丝网尺寸:圆丝 $\phi0.23$。

四、裙座

塔底常用裙座支撑,裙座的结构性能好,连接处产生的局部阻力小,所以它是塔设备的主要支座形式,为了制作方便,一般采用圆筒形。由于裙座内径>800 mm,故裙座壁厚取 16mm。

基础环内径:$\qquad D_{bi}=(2\,000+2\times16)-(0.2\sim0.4)\times10^3=1\,632$ mm

基础环外径:$\qquad D_{bo}=(2\,000+2\times16)+(0.2\sim0.4)\times10^3=2\,432$ mm

圆整:$D_{bi}=1\,800$ mm,$D_{bo}=2\,600$ mm;基础环厚度,考虑到腐蚀余量取 18 mm;考虑到再沸器,裙座高度取 3 m,地角螺栓直径取 M30。

五、吊柱

对于较高的室外无框架的整体塔,在塔顶设置吊柱,对于补充和更换填料、安装和拆卸内件,既经济又方便,一般取 15 m 以上的塔物设吊柱,本设计中塔高度大,因此设吊柱。因设计塔径 $D=2\,000$ mm,可选用吊柱 500 kg。$s=1\,000$ mm,$L=3\,400$ mm,$H=1\,000$ mm。材料为 A_3。

六、人孔

人孔是安装或检修人员进出塔的唯一通道,人孔的设置应便于进入任何一层塔板,由于设置人孔处塔间距离大,且人孔设备过多会使制造时塔体的弯曲度难以达到要求,一般每隔 10～20 块塔板才设一个人孔,本塔中共 65 块板,需设置 5 个人孔,每个孔直径为 450 mm,在设置人孔处,板间距为 600 mm,裙座上应开 2 个人孔,直径为 450 mm,人孔伸入塔内部应与塔内壁修平,其边缘需倒棱和磨圆,人孔法兰的密封面形状及垫片用材,一般与塔的接管法兰相同,本设计也是如此。

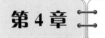

塔总体高度的设计

一、塔的顶部空间高度

塔的顶部空间高度是指塔顶第一层塔盘到塔顶封头的直线距离,取除沫器到第一块板的距离为 600 mm,塔顶部空间高度为 1200 mm。

二、塔的底部空间高度

塔的底部空间高度是指塔底最末一层塔盘到塔底下封头切线的距离,釜液停留时间取 5 min。

$$H_B = (tL'_s \times 60 - R_V)/A_T + (0.5 \sim 0.7)$$
$$= (5 \times 7.66 \times 10^{-3} \times 60 - 0.142)/3.14 + 0.6 = 1.29 \text{ m}$$

三、塔立体高度

$$H_1 = H_T N + 5 \times 150 = 450 \times (60-1) + 5 \times 150 = 27\,359 \text{ mm} = 27.4 \text{ m}$$
$$H = H_1 + H_B + H_{裙} + H_{封} + H_{顶} = 27.4 + 1.29 + 3 + 0.49 + 1.2 = 33.38 \text{ m}$$

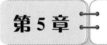

附属设备设计

一、冷凝器的选择

有机物蒸气冷凝器设计选用的总体传热系数一般范围为 500～1 500 kcal/(m²·h·℃)

本设计取 $K=700$ kcal/(m²·h·℃) $=2\,926$ J/(m²·h·℃)

出料液温度:78.173 ℃(饱和气)→78.173 ℃(饱和液)

冷却水温度:20 ℃→35 ℃

逆流操作:$\Delta t_1 = 58.173$ ℃,$\Delta t_2 = 43.173$ ℃

$$\Delta t_m = \frac{\Delta t_1 - \Delta t_2}{\ln \frac{\Delta t_1}{\Delta t_2}} = \frac{58.173 - 43.173}{\ln \frac{58.173}{43.173}} = 50.30 \text{ ℃}$$

传热面积:根据全塔热量衡算,计算方法参见任务书 2 和 4,得 $Q=3\,360.375$ kJ/h。

$$A = \frac{Q}{K \Delta t_m} = \frac{3\,360.375 \times 10^3}{2\,926 \times 50.3} = 22.83 \text{ m}^2$$

设备型号:G500I—16—40

二、再沸器的选择

选用 120 ℃饱和水蒸气加热,传热系数取 $K = 2\,926\ J/(m^2 \cdot h \cdot ℃)$。

料液温度:99.815 ℃→100 ℃,水蒸气温度:120 ℃→120 ℃

逆流操作:$\Delta t'_1 = 20\ ℃$,$\Delta t'_2 = 20.185\ ℃$

$$\Delta t'_m = \frac{\Delta t'_1 - \Delta t'_2}{\ln \dfrac{\Delta t'_1}{\Delta t'_2}} = \frac{20 - 20.185}{\ln \dfrac{20}{20.185}} = 20.1\ ℃$$

换热面积:根据全塔热量衡算,计算方法参见任务书 2 和 4,得 $Q' = 2\,150.64\ kJ/h$。

$$A' = \frac{Q'}{K \Delta t'_m} = \frac{2\,150.64 \times 10^3}{2\,926 \times 20.1} = 36.57\ m^2$$

设备型号:G·CH800—6—70,具体见附表 1-7。

附表 1-7　　　　　　　　不同设计条件下设计结果比较

类型	F/万吨	R	q	x_D	x_F	x_W	N_T	塔径/m	塔高/m
F 不同	50	2.59	1	93%	20%	0.3%	15	2.2	30
	25	2.59	1	93%	20%	0.3%	19	2.2	26.55
	22	2.59	1	93%	20%	0.3%	19	2.0	26.06
	20	2.59	1	93%	20%	0.3%	15	2.0	25.35
	15	2.59	1	93%	20%	0.3%	15	2.0	25.35
	10	2.59	1	93%	20%	0.3%	15	1.8	25.08
R 不同	20	2.24	1	93%	20%	0.3%	23	1.8	37
	20	2.42	1	93%	20%	0.3%	21	1.8	31
	20	2.59	1	93%	20%	0.3%	18	2.0	28.95
	20	2.76	1	93%	20%	0.3%	17	2.0	27.8
	20	2.94	1	93%	20%	0.3%	16	2.0	27.8
x_F 不同	20	2.59	1	93%	14%	0.3%	18	1.6	28.90
	20	2.59	1	93%	16%	0.3%	18	1.8	28.45
	20	2.59	1	93%	18%	0.3%	17	1.8	27.73
	20	2.59	1	93%	20%	0.3%	17	2.0	27.73
	20	2.59	1	93%	21%	0.3%	17	2.0	27.75
	20	2.59	1	93%	23%	0.3%	17	2.0	27.77
q 不同	20	2.59	$q>1$	90%	15%	0.3%	10	1.6	14.79
	20	2.59	$q=1$	90%	15%	0.3%	12	1.4	17.22
	20	2.59	$0<q<1$	90%	15%	0.3%	13	1.6	18.27
	20	2.59	$q=0$	90%	50%	0.3%	9	2.2 1.6	14.97
	20	2.59	$q<0$	90%	65%	0.3%	8	2.0 1.8	16.66

参考文献略

化工原理课程设计任务书 2

设计题目:分离甲醇-水混合液的填料精馏塔。

第1章　流程的确定和说明

一、加料方式

加料方式有两种:高位槽加料和泵直接加料。采用高位槽加料,通过控制液位高度,可以得到稳定的流量和流速。通过重力加料,可以节省一笔动力费用。但由于多了高位槽,建设费用相应增加;采用泵加料,受泵的影响,流量不太稳定,流速也忽大忽小,从而影响了传质效率,但结构简单、安装方便;如采用自动控制泵来控制泵的流量和流速,其控制原理较复杂,且设备操作费用高。本次实验采用高位槽加料。

二、进料状况

进料状况一般有冷液进料、泡点进料。对于冷液进料,当组成一定时,流量一定,对分离有利,节省加热费用。但冷液进料受环境影响较大,对于沈阳地区来说,存在较大温差,冷液进料会增加塔底蒸气上升量,增大建设费用。采用泡点进料,不仅对稳定塔操作较为方便,且不受季节温度影响。综合考虑,设计上采用泡点进料。泡点进料时,基于恒摩尔流假定,精馏段和提馏段上升蒸气的摩尔流量相等,故精馏段和提馏段塔径基本相等,制造上较为方便。

三、塔顶冷凝方式

塔顶冷凝采用全凝器,用水冷凝。甲醇和水不反应,且容易冷凝,故使用全凝器。塔顶出来的气体温度不高,冷凝后回流液和产品温度不高,无须进一步冷却,此次分离也是希望得到甲醇,选用全凝器符合要求。

四、回流方式

回流方式可分为重力回流和强制回流。对于小型塔,回流冷凝器一般安装在塔顶。其优点是回流冷凝器无须支撑结构,其缺点是回流冷凝器回流控制较难。如果需要较高的塔处理量或塔板数较多时,回流冷凝器不宜安装在塔顶。而且塔顶冷凝器不宜安装、检修和清理。在这种情况下,可采用强制回流,塔顶上升蒸气采用冷凝器冷却以冷回流流入塔中。由于本次设计为小型塔,故采用重力回流。

五、加热方式

加热方式分为直接蒸汽和间接蒸汽加热。直接蒸汽加热直接由塔底进入塔内。由于重组分是水,故省略加热装置。但在一定的回流比条件下,塔底蒸汽对回流液有稀释作用,使理论塔板数增加,费用增加。间接蒸汽加热是通过加热器使釜液部分汽化。上升蒸汽与回流下来的冷液进行传质,其优点是使釜液部分汽化,维持原来的浓度,以减少理论塔板数,缺点是增加加热装置。本次设计采用间接蒸汽加热。

六、加热器

采用 U 形管蒸汽间接加热器,用水蒸气作加热剂。因为塔较小,可将加热器放在塔内,即再沸器。这样釜液部分汽化,维持了原有浓度,减少理论塔板数。

第2章 精馏塔的设计计算

第1节 操作条件及基础数据

一、操作压力

精馏操作按操作压力可分为常压、加压和减压操作。精馏操作中压力影响非常大。当压力增大时，混合液的相对挥发度将减小，对分离不利；当压力减小时，相对挥发度将增大，对分离有利。但当压力太低时，对设备要求较高，设备费用增加。因此在设计时一般采用常压精馏。甲醇-水系统在常压下挥发度相差较大，较易分离，故本设计采用常压精馏。

二、气液平衡时，x、y、t 数据

气液平衡时，x、y、t 数据见附表 2-1。

附表 2-1 气液平衡关系表

温度 $t/℃$	甲醇摩尔分数		温度 $t/℃$	甲醇摩尔分数	
	液相 $x/\%$	气相 $y/\%$		液相 $x/\%$	气相 $y/\%$
100	0	0	73.8	46.20	77.56
92.9	5.31	28.34	72.7	52.92	79.71
90.3	7.67	40.01	71.3	59.37	81.83
88.9	9.26	43.53	70.0	68.49	84.92
85.0	13.15	54.55	68.0	85.62	89.62
81.6	20.83	62.73	66.9	87.41	91.94
78.0	28.18	67.75	64.7	100	100
76.7	33.33	69.18			

注：摘自《化工工艺设计手册》(下)P710 表 19-38(2)。

第2节 精馏塔工艺计算

一、物料衡算

1. 物料衡算图(略)

2. 物料衡算

已知：$F''=3\,000$ t/a；质量分数：$x'_F=70\%$，$x'_D=98\%$，$x'_W=2\%$

$$M_{甲醇}=32.04 \text{ kg/kmol}, \quad M_{水}=18.02 \text{ kg/kmol}$$

所以

$$F'=\frac{3\,000\times10^3}{300\times24}\text{kg/h}=416.67 \text{ kg/h}$$

进料液、馏出液、釜残液的摩尔分数分别为 x_F、x_D、x_W：

$$x_F=\frac{70/32.04}{70/32.04+30/18.02}=0.568$$

$$x_D=\frac{98/32.04}{98/32.04+2/18.02}=0.965$$

$$x_W=\frac{2/32.04}{2/32.04+98/18.02}=0.011\,3$$

进料平均相对分子质量：$\overline{M}=0.568\times32.04+(1-0.568)\times18.02=25.98$ kg/kmol

原料液：
$$F=\frac{416.67}{25.98}=16.04 \text{ kmol/h}$$

总物料：
$$F=D+W$$

易挥发组分：
$$Fx_F=Dx_D+Wx_W$$

代入数据解得：
$$\begin{cases} D=9.361 \text{ kmol/h} \\ W=6.679 \text{ kmol/h} \end{cases}$$

塔顶产品的平均相对分子质量：
$$\overline{M}_D=32.04\times0.965+18.02\times(1-0.965)=31.549 \text{ kg/kmol}$$

塔顶产品质量流量：
$$D'=\overline{M}_D D=31.549\times9.361=295.33 \text{ kg/h}$$

塔釜产品平均相对分子质量：
$$\overline{M}_W=32.04\times0.011\,3+18.02\times(1-0.0113)=18.178 \text{ kg/kmol}$$

塔釜产品质量流量：
$$W'=W\overline{M}_W=6.679\times18.178=121.411 \text{ kg/h}$$

3. 物料衡算结果(附表 2-2)

附表 2-2　　　　　　　物料衡算结果表

类型	塔顶出料	塔底出料	进料
质量流量/(kg/h)	295.33	121.411	416.67
质量分数/%	98	2	70
摩尔流量/(kmol/h)	9.361	6.679	16.04
摩尔分数/%	96.5	1.13	56.8

4. 塔顶气相、液相、进料和塔底的温度分别为：t_{VD}、t_{LD}、t_F、t_W

查附表 2-1，用内插法算得：

塔顶：
$$\frac{96.5-87.41}{100-87.41}=\frac{t_{LD}-66.9}{64.7-66.9}\Rightarrow t_{LD}=65.31 \ ^\circ C$$

$$\frac{100-96.5}{100-91.94}=\frac{64.7-t_{VD}}{64.7-66.9}\Rightarrow t_{VD}=65.66 \ ^\circ C$$

塔釜：
$$\frac{0-1.13}{0-5.31}=\frac{100-t_W}{100-92.9}\Rightarrow t_W=98.49 \ ^\circ C$$

进料：
$$\frac{59.37-52.92}{56.8-52.92}=\frac{71.3-72.7}{t_F-72.7}\Rightarrow t_F=71.86 \ ^\circ C$$

精馏段平均温度：
$$\overline{t}_1=\frac{t_{VD}+t_F}{2}=\frac{65.66+71.86}{2}=68.76 \ ^\circ C$$

提馏段平均温度：
$$\overline{t}_2=\frac{t_W+t_F}{2}=\frac{98.49+71.86}{2}=85.18 \ ^\circ C$$

5. 平均相对挥发度 α

方法 1：取 x-y 曲线上两端点温度下 α 的平均值。

查附表 2-1 可得：

$t=92.9 \ ^\circ C$ 时，
$$\alpha_1=\frac{y_A x_B}{y_B x_A}=\frac{y(1-x)}{(1-y)x}=\frac{28.34\times(100-5.31)}{(100-28.34)\times5.31}=7.05$$

$t=66.9 \ ^\circ C$ 时，
$$\alpha_2=\frac{y(1-x)}{x(1-y)}=\frac{91.94\times(100-87.41)}{(100-91.94)\times87.41}=1.64$$

所以
$$\alpha = \frac{\alpha_1 + \alpha_2}{2} = \frac{7.05 + 1.64}{2} = 4.35$$

方法 2:取塔顶及塔釜 α 的平均值。

塔顶:
$$\alpha_D = p_A^0 / p_B^0$$

塔釜:
$$\alpha_W = p_A^{0'} / p_B^{0'}$$

式中 p_A^0、$p_A^{0'}$——在塔顶、塔釜温度下甲醇的饱和蒸气压;

p_B^0、$p_B^{0'}$——在塔顶、塔釜温度下水的饱和蒸气压。

全塔平均相对挥发度:$\alpha = \sqrt{\alpha_D \cdot \alpha_W}$

6. 回流比的确定

方法 1:作图法(图略)

可知:$\frac{100 x_D}{R_{min} + 1} = 33.9$,则 $\frac{96.5}{R_{min} + 1} = 33.9$,得 $R_{min} = 1.85$。又操作回流比 $R = (1.1 \sim 2) R_{min}$,所以
$$R = 1.5 R_{min} = 1.5 \times 1.85 = 2.78$$

方法 2:解析法
$$R_{min} = \frac{1}{\alpha - 1}\left[\frac{x_D}{x_q} - \frac{\alpha(1 - x_D)}{1 - x_q}\right]$$

式中 α——相对挥发度;

x_q——q 线与平衡线交点的横坐标值。

二、热量衡算

1. 热量示意图(略)

2. 加热介质的选择

常用的加热剂有饱和水蒸气和烟道气。饱和水蒸气是一种应用最广的加热剂。由于饱和水蒸气冷凝时的传热系数很高,可以通过改变水蒸气压力准确地控制加热温度。燃料燃烧所排放的烟道气温度可达 $100 \sim 1\ 000\ ℃$,适用于高温加热。烟道气的缺点是热容及传热系数很低,加热温度控制困难。本设计选用 $300\ kPa$(温度为 $13.3\ ℃$)的饱和水蒸气作加热介质。水蒸气易获得、清洁、不易腐蚀加热管,不但成本会相应降低,塔结构也不复杂。

3. 冷却剂的选择

常用的冷却剂是水和空气,应因地制宜地加以选用。受当地气温限制,冷却水一般为 $10 \sim 25\ ℃$。如需冷却到较低温度,则需采用低温介质,如冷冻盐水等。本设计建厂地区为沈阳。沈阳市夏季最热月份日平均气温为 $25\ ℃$。故选用 $25\ ℃$ 的冷却水,选升温 $10\ ℃$,即冷却水的出口温度为 $35\ ℃$。

4. 热量衡算

(1)冷凝器的热负荷
$$Q_C = (R + 1) D (I_{VD} - I_{LD})$$

式中 I_{VD}——塔顶上升蒸气的焓;

I_{LD}——塔顶馏出液的焓。

又
$$I_{VD} - I_{LD} = x_D \Delta H_{V甲} + (1 - x_D) \Delta H_{V水}$$

式中 $\Delta H_{V甲}$——甲醇的蒸发潜热;

$\Delta H_{V水}$——水的蒸发潜热。

蒸发潜热的计算:

方法 1:蒸发潜热与温度的关系
$$\Delta H_{V2} = \Delta H_{V1}\left(\frac{1 - T_{r2}}{1 - T_{r1}}\right)^{0.38}$$

式中　T_r——对比温度。

沸点下蒸发潜热列表见附表 2-3。

附表 2-3　　　　　　　沸点下蒸发潜热列表

	沸点/℃	蒸发潜热 $\Delta H_V/(\text{kJ/kg})$	T_c/K
甲醇	64.7	1 105	513.15
水	100	2 257	648.15

65.66 ℃时,甲醇:$T_{r2}=\dfrac{T_2}{T_c}=\dfrac{273.15+65.66}{513.15}=0.660$

$$T_{r1}=\dfrac{T_1}{T_c}=\dfrac{273.15+64.7}{513.15}=0.658$$

蒸发潜热:　$\Delta H_{V\text{甲}}=1\,105\times\left(\dfrac{1-0.660}{1-0.658}\right)^{0.38}=1\,102.540\text{ kJ/kg}$

同理,水:$T_{r2}=\dfrac{T_2}{T'_c}=\dfrac{273.15+65.66}{648.15}=0.523$

$$T_{r1}=\dfrac{T_1}{T'_c}=\dfrac{273.15+100}{648.15}=0.576$$

蒸发潜热:　$\Delta H_{V\text{水}}=2\,257\times\left(\dfrac{1-0.523}{1-0.576}\right)^{0.38}=2\,360.313\text{ kJ/kg}$

方法 2:Pitzer 偏心因子法

$$\frac{\Delta H_V}{RT_c}=7.08(1-T_r)^{0.354}+10.95\omega(1-T_r)^{0.456}$$

式中　ω——偏心因子;

　　　T_r——对比温度。

(注:此式仅适用于 $0.6<T_r\leqslant1.0$)

所以　$I_{VD}-I_{LD}=x_D\Delta H_{V\text{甲}}-(1-x_D)\Delta H_{V\text{水}}$

$$=0.965\times1\,102.540+(1-0.965)\times2\,360.313$$

$$=1\,146.562\text{ kJ/kg}$$

$$Q_C=(R+1)D'(I_{VD}-I_{LD})$$

$$=(2.78+1)\times295.33\times1\,146.562$$

$$=1.28\times10^6\text{ kJ/h}$$

(2)冷却水消耗量

$$W_C=\frac{Q_C}{C_{pC}(t_2-t_1)}$$

式中　W_C——冷却水消耗量,kg/h;

　　　C_{pC}——冷却介质在平均温度下的热容,kJ/(kg·℃);

　　　t_1,t_2——冷却介质在冷凝器进出口处的温度,℃。

所以　$\bar{t}=\dfrac{t_1+t_2}{2}=\dfrac{25+35}{2}=30$ ℃

此温度下冷却水的热容　$C_{pC}=4.25\text{ kJ/(kg·℃)}$

所以　$W_C=\dfrac{Q_C}{C_{pC}(t_2-t_1)}=\dfrac{1.28\times10^6}{4.25\times(35-25)}=3.0\times10^4\text{ kg/h}$

(3)加热器热负荷及全塔热量衡算

列附表 2-4 计算甲醇、水在不同温度下混合物的热容 C_p[单位:kJ/(kg·℃)]。

附表 2-4　　　　　　计算结果

类型	塔顶	塔釜	进料	精馏段	提馏段
甲醇(1)	3.026	3.483	3.127	3.077	3.305
水(2)	4.261	4.288	4.273	4.267	4.281

精馏段：

甲醇：$\overline{C}_{p1}(t_{LD}-t_F)=3.077\times(65.31-71.86)=-20.154$ kJ/kg

水：$\overline{C}_{p2}(t_{LD}-t_F)=4.267\times(65.31-71.86)=-27.949$ kJ/kg

提馏段：

甲醇：$\overline{C}_{p1}(t_w-t_F)=3.305\times(98.49-71.86)=88.012$ kJ/kg

水：$\overline{C}_{p2}(t_w-t_F)=4.281\times(98.49-71.86)=114.003$ kJ/kg

塔顶流出液的热容：

$$C_{p1}=\overline{C}_{p1}x'_D+(1-x'_D)\overline{C}_{p2}=3.077\times0.98+0.02\times4.267=3.101 \text{ kJ/(kg·℃)}$$

塔釜馏出液的热容：

$$C_{p2}=\overline{C}_{p1}x'_w+(1-x'_w)\overline{C}_{p2}=3.305\times0.02+0.98\times4.281=4.261 \text{ kJ/(kg·℃)}$$

为简化计算，现以进料焓，即 71.86 ℃时的焓值为基准。

根据表 2 可得：$D=295.33$ kg/h，$W=121.411$ kg/h

$$\begin{aligned}Q_D &= D\int_{t_F}^{t_{LD}}C_{p1}\mathrm{d}t = DC_{p1}\Delta t \\ &= 295.33\times3.101\times(65.31-71.86) \\ &= -5998.61 \text{ kJ/h}\end{aligned}$$

$$\begin{aligned}Q_W &= W\int_{t_F}^{t_w}C_{p2}\mathrm{d}t = W\cdot C_{p2}\Delta t \\ &= 121.411\times4.261\times(98.49-71.86) \\ &= 1.38\times10^4 \text{ kJ/h}\end{aligned}$$

对全塔进行热量衡算：

$$Q_F+Q_S=Q_D+Q_W+Q_C$$
$$Q_F=0$$

所以　　　　　　$Q_S=-5\,998.61+1.38\times10^4+1.28\times10^6=1.28\times10^6$ kJ/h

由于塔釜热损失为 10%，则 $\eta=90\%$，所以

$$Q'_S=Q_S/\eta=\frac{1.28\times10^6}{0.9}=1.42\times10^6 \text{ kJ/h}$$

式中　Q_S——加热器理想热负荷；

　　　Q'_S——加热器实际热负荷；

　　　Q_D——塔顶馏出液带出热量；

　　　Q_W——塔底馏出液带出热量。

加热蒸汽消耗量：

查得：$\Delta H_{V\text{水蒸气}}=2\,168.1$ kJ/kg(133.3 ℃,300 kPa)

$$W_h=\frac{Q'_S}{\Delta H_V}=\frac{1.42\times10^6}{2\,168.1}=654.95 \text{ kg/h}$$

（4）热量衡算结果（附表2-5）

附表2-5　　　　　　　　　　热量衡算结果表

符号	$\dfrac{Q_{\mathrm{C}}}{\mathrm{kJ/h}}$	$\dfrac{W_{\mathrm{C}}}{\mathrm{kg/h}}$	$\dfrac{Q_{\mathrm{F}}}{\mathrm{kJ/h}}$	$\dfrac{Q_{\mathrm{D}}}{\mathrm{kJ/h}}$	$\dfrac{Q_{\mathrm{W}}}{\mathrm{kJ/h}}$	$\dfrac{Q'_{\mathrm{S}}}{\mathrm{kJ/h}}$	$\dfrac{W_{\mathrm{h}}}{\mathrm{kg/h}}$
数值	1.28×10^{6}	3.0×10^{4}	0	$-5\,998.61$	1.38×10^{4}	1.42×10^{6}	654.95

三、理论塔板数的计算

由于本次设计时，相对挥发度是变化的，所以不可用简捷法，只能用作图法。

精馏段操作线方程为

$$y=\frac{R}{R+1}x+\frac{x_{\mathrm{D}}}{R+1}$$

因为所选为泡点进料，所以 $q=1$。

由图可知，精馏塔理论塔板数为11块，其中精馏段8块，提馏段3块。

第3节　精馏塔主要尺寸的设计计算

一、精馏塔设计的主要依据和条件（附表2-6和附表2-7）

附表2-6　甲醇-水在不同温度下的密度（$\mathrm{kg/m}^{3}$）

温度/℃	甲醇	水
50	760	988.1
60	751	983.2
70	743	977.8
80	734	971.8
90	725	965.3
100	716	958.4

附表2-7　甲醇-水在特殊点的黏度（$\mathrm{mPa\cdot s}$）

物质	甲醇	水
塔顶:65.31 ℃	0.332	0.455
塔底:98.49 ℃	0.232	0.267
进料:71.86 ℃	0.308	0.405

1.塔顶条件下的流量及物性参数

$$x_{\mathrm{D}}=0.965,\quad x'_{\mathrm{D}}=0.98,\quad D=9.361\ \mathrm{kmol/h}$$

（1）气相平均相对分子质量

$$\overline{M}_{\mathrm{VD}}=M_{\text{甲}}x_{\mathrm{D}}+M_{\text{水}}(1-x_{\mathrm{D}})=32.04\times0.965+18.02\times(1-0.965)$$
$$=31.55\ \mathrm{kg/kmol}$$

（2）液相平均相对分子质量　　$\overline{M}_{\mathrm{LD}}=\overline{M}_{\mathrm{VD}}=31.55\ \mathrm{kg/kmol}$

（3）气相密度

$$\rho_{\mathrm{VD}}=\frac{\overline{M}_{\mathrm{VD}}}{22.4}\times\frac{T_{0}}{T}\times\frac{p}{p_{0}}=\frac{31.55}{22.4}\times\frac{273.15}{273.15+65.66}=1.136\ \mathrm{kg/m}^{3}$$

（4）液相密度

$t_{\mathrm{LD}}=65.31$，查附表2-6，用内插法算得

$$\rho_{\text{甲}}=746.75\ \mathrm{kg/m}^{3},\quad \rho_{\text{水}}=980.24\ \mathrm{kg/m}^{3}$$

$$\frac{1}{\rho_{LD}}=\frac{x'_D}{\rho_\text{甲}}+\frac{(1-x'_D)}{\rho_\text{水}}=\frac{0.98}{746.75}+\frac{0.02}{980.24}$$

解得
$$\rho_{LD}=750.32 \text{ kg/m}^3$$

(5)液相黏度

查表 6 可得:$t_{LD}=65.31$ ℃时,$\mu_\text{甲}=0.332$ mPa·s,$\mu_\text{水}=0.455$ mPa·s

$$\mu_{LD}=\mu_\text{甲}x_D+\mu_\text{水}(1-x_D)=0.332\times0.965+0.455\times(1-0.965)=0.336 \text{ mPa·s}$$

(6)塔顶出料的质量流量

$$D'=D\cdot\overline{M}_{LD}=9.361\times31.55=295.34 \text{ kg/h}$$

塔顶数据结果表见附表 2-8。

附表 2-8   塔顶数据结果表

符号	$\dfrac{\overline{M}_{LD}}{\text{kg/kmol}}$	$\dfrac{\overline{M}_{VD}}{\text{kg/kmol}}$	$\dfrac{\rho_{VD}}{\text{kg/m}^3}$	$\dfrac{\rho_{LD}}{\text{kg/m}^3}$	$\dfrac{\mu_{LD}}{\text{mPa·s}}$	$\dfrac{D'}{\text{kg/h}}$	$\dfrac{D}{\text{kmol/h}}$
数值	31.55	31.55	1.136	750.32	0.336	295.34	9.361

2. 塔釜条件下的流量及物性参数

$$x_W=0.0113, \quad x'_W=0.02, \quad W=6.679 \text{ kmol/h}$$

(1)液相相对分子质量

由于甲醇浓度很小,所以液相可视为纯水。

$$\overline{M}_{LW}=\overline{M}_{VW}=\overline{M}_\text{水}=18.02 \text{ kg/kmol}$$

(2)气相密度

$$t_W=98.49 \text{ ℃}$$

$$\rho_{VW}=\frac{\overline{M}_{VW}}{22.4}\times\frac{T_0}{T}\times\frac{p}{p_0}=\frac{18.02}{22.4}\times\frac{273.15}{273.15+98.49}=0.591 \text{ kg/m}^3$$

(3)液相密度

$$t_W=98.49 \text{ ℃}$$

查附表 2-6,用内插法算得:$\rho_{LW}=\rho_\text{水}=959.4$ kg/m³

(4)塔釜出料的质量流量

$$W'=W\cdot\overline{M}_{LW}=6.679\times18.02=120.36 \text{ kg/h}$$

(5)液相黏度

查附表 2-7 可得:$t_W=98.49$ ℃,$\mu_\text{水}=0.267$ mP·s,所以

$$\mu_{LW}=\mu_\text{水}=0.267 \text{ mPa·s}$$

塔釜数据结果表见附表 2-9。

附表 2-9   塔釜数据结果表

符号	$\dfrac{\overline{M}_{LW}}{\text{kg/kmol}}$	$\dfrac{\overline{M}_{VW}}{\text{kg/kmol}}$	$\dfrac{\rho_{VW}}{\text{kg/m}^3}$	$\dfrac{\rho_{LW}}{\text{kg/m}^3}$	$\dfrac{\mu_{LW}}{\text{mPa·s}}$	$\dfrac{W}{\text{kmol/h}}$	$\dfrac{W'}{\text{kg/h}}$
数值	18.02	18.02	0.591	959.4	0.267	6.679	120.36

3. 进料条件下的流量及物性参数

$$F=16.04 \text{ kmol/h}, \quad x_F=56.8\%, \quad x'_F=70\%$$

查附表 2-1 得: x_F 52.92   56.8   59.37

y_F 79.71 y_F 81.83

由内插法可得

$$\frac{59.37-52.92}{81.83-79.71}=\frac{59.37-56.8}{81.83-y_F}$$

解得 $y_F = 84\% = 0.84$

(1)气相平均相对分子质量

$$\overline{M}_{VF} = y_F M_{甲} + (1-y_F)M_{水} = 0.84 \times 32.04 + (1-0.84) \times 18.02 = 29.80 \text{ kg/kmol}$$

(2)液相平均相对分子质量

$$\overline{M}_{LF} = x_F M_{甲} + (1-x_F)M_{水} = 0.568 \times 32.04 + (1-0.568) \times 18.02 = 25.98 \text{ kg/kmol}$$

(3)气相密度

$$\rho_{VF} = \frac{\overline{M}_{VF}}{22.4} \times \frac{T_0}{T} \times \frac{p}{p_0} = \frac{29.80}{22.4} \times \frac{273.15}{273.15+71.86} = 1.05 \text{ kg/kmol}$$

(4)液相密度

由附表 2-6 数据,用内插法求出

$$\rho_{甲} = 741.33 \text{ kg/m}^3, \quad \rho_{水} = 976.68 \text{ kg/m}^3$$

$$\frac{1}{\rho_{LF}} = \frac{x'_F}{\rho_{甲}} + \frac{1-x'_F}{\rho_{水}} = \frac{0.7}{741.33} + \frac{1-0.7}{976.68}$$

解得 $\rho_{LF} = 799.10 \text{ kg/m}^3$

(5)液相黏度

查附表 2-7 得:$t = 71.86$ ℃， $\mu_{甲} = 0.308$ mP·s， $\mu_{水} = 0.405$ mPa·s

$$\mu_{LF} = x_F \mu_{甲} + (1-x_F)\mu_{水} = 0.568 \times 0.308 + (1-0.568) \times 0.405 = 0.350 \text{ mPa·s}$$

(6)进料质量流量

$$F' = \frac{3\,000 \times 10^3}{300 \times 24} = 416.67 \text{ kg/h}$$

进料数据结果表见附表 2-10。

附表 2-10　　　　　　　　　进料数据结果表

符号	$\dfrac{\overline{M}_{VF}}{\text{kg/kmol}}$	$\dfrac{\overline{M}_{LF}}{\text{kg/kmol}}$	$\dfrac{\rho_{VF}}{\text{kg/m}^3}$	$\dfrac{\rho_{LF}}{\text{kg/m}^3}$	$\dfrac{\mu_{LF}}{\text{mPa·s}}$	$\dfrac{F'}{\text{kg/h}}$	$\dfrac{F}{\text{kmol/h}}$
数值	29.80	25.98	1.05	799.10	0.350	416.67	16.04

4. 精馏段的流量及物性参数

(1)气相平均相对分子质量

$$\overline{M}_{V精} = \frac{\overline{M}_{VD} + \overline{M}_{VF}}{2} = \frac{31.55 + 29.8}{2} = 30.68 \text{ kg/kmol}$$

(2)液相平均相对分子质量

$$\overline{M}_{L精} = \frac{\overline{M}_{LD} + \overline{M}_{LF}}{2} = \frac{31.55 + 25.98}{2} = 28.79 \text{ kg/kmol}$$

(3)气相密度

$$\rho_{V精} = \frac{\rho_{VD} + \rho_{VF}}{2} = \frac{1.136 + 1.05}{2} = 1.093 \text{ kg/m}^3$$

(4)液相密度

$$\rho_{L精} = \frac{\rho_{LD} + \rho_{LF}}{2} = \frac{750.32 + 799.1}{2} = 774.71 \text{ kg/m}^3$$

(5)液相黏度

$$\mu_{L精} = \frac{\mu_{LD} + \mu_{LF}}{2} = \frac{0.336 + 0.35}{2} = 0.343 \text{ mPa·s}$$

(6)气相流量

摩尔流量： $V_{精} = (R+1)D = (2.78+1) \times 9.361 = 35.38 \text{ kmol/h}$

质量流量：$\qquad V'_{精}=V_{精}\times\overline{M}_{V精}=35.38\times30.68=1\,085.46\ \text{kg/h}$

（7）液相流量

摩尔流量：$\qquad L_{精}=RD=2.78\times9.361=26.02\ \text{kmol/h}$

质量流量：$\qquad L'_{精}=L_{精}\cdot\overline{M}_{L精}=26.02\times28.79=749.12\ \text{kg/h}$

精馏段数据结果表见附表2-11。

附表2-11　　　　　　　　　精馏段数据结果表

符号	$\overline{M}_{V精}$ kg/kmol	$\overline{M}_{L精}$ kg/kmol	$\rho_{V精}$ kg/m³	$\rho_{L精}$ kg/m³	$V_{精}$ kmol/h	$V'_{精}$ kg/h	$L_{精}$ kmol/h	$L'_{精}$ kg/h	$\mu_{L精}$ mPa·s
数值	30.68	28.79	1.093	774.71	35.38	1 085.46	26.02	749.12	0.343

5.提馏段流量及物性参数

（1）气相平均相对分子质量

$$\overline{M}_{V提}=\frac{\overline{M}_{VF}+\overline{M}_{VW}}{2}=\frac{29.80+18.02}{2}=23.91\ \text{kg/kmol}$$

（2）液相平均相对分子质量

$$\overline{M}_{L提}=\frac{\overline{M}_{LF}+\overline{M}_{LW}}{2}=\frac{25.98+18.02}{2}=22.00\ \text{kg/kmol}$$

（3）液相密度

$$\rho_{L提}=\frac{\rho_{LF}+\rho_{LW}}{2}=\frac{799.1+959.4}{2}=879.25\ \text{kg/m}^3$$

（4）气相密度

$$\rho_{V提}=\frac{\rho_{VF}+\rho_{VW}}{2}=\frac{1.05+0.591}{2}=0.82\ \text{kg/m}^3$$

（5）液相黏度

$$\mu_{L提}=\frac{\mu_{LW}+\mu_{LF}}{2}=\frac{0.267+0.35}{2}=0.309\ \text{mPa·s}$$

（6）气相流量

摩尔流量：因为$V_{精}=V_{提}-(q-1)F$，所以

$$V_{提}=V_{精}+(q-1)F=V_{精}=35.38\ \text{kmol/h}\quad[\text{式中},q=1(泡点进料)]$$

质量流量：$\qquad V'_{提}=V_{提}\cdot\overline{M}_{V提}=35.38\times23.91=845.94\ \text{kg/h}$

（7）液相流量

摩尔流量：$\qquad L_{提}=L_{精}+qF=L_{精}+F=26.02+16.04=42.06\ \text{kmol/h}$

质量流量：$\qquad L'_{提}=L_{提}\cdot\overline{M}_{L提}=42.06\times22.00=925.32\ \text{kg/h}$

提馏段数据结果表见附表2-12。

附表2-12　　　　　　　　　提馏段数据结果表

符号	$\overline{M}_{V提}$ kg/kmol	$\overline{M}_{L提}$ kg/kmol	$\rho_{V提}$ kg/m³	$\rho_{L提}$ kg/m³	$\mu_{L提}$ mPa·s	$V_{提}$ kmol/h	$V'_{提}$ kg/h	$L_{提}$ kmol/h	$L'_{提}$ kg/h
数值	23.91	22.00	0.82	879.25	0.309	35.38	845.94	42.06	925.32

二、塔径设计计算

1.填料选择

填料是填料塔的核心构件，它提供了气液两相接触传质和传热的表面，与塔内件一起决定了填料塔的性质。目前，填料的开发与应用仍是沿着散装填料与规整填料两个方向进行。

本设计选用规整填料,金属板波纹 250Y 型填料。

规整填料是一种在塔内按均匀几何图形排布、整齐堆砌的填料,规定了气液流路,改善了沟流和整流现象,压降可以很小,同时还可以提供更大的比表面积,在同等溶剂中可以达到更高的传质、传热效果。

与散装填料相比,规整填料结构均匀、规则、有对称性,当与散装填料有相同的比表面积时,填料空隙率更大,具有更大的通量,单位分离能力大。

250Y 型填料是最早研制并应用于工业生产的板波填料,它具有以下特点:

第一,比表面积与通用散装填料相比,可提高近 1 倍,填料压降降低,通量和传质效率均有较大幅度提高。

第二,与各种通用板式塔相比,不仅传质面积大幅度提高,而且全塔压降及效率有很大改善。

第三,工业生产中气液质均可能带入"第三相"物质,导致散装填料及某些板式塔无法维持操作。鉴于 250Y 型填料整齐的几何结构,显示出良好的抗堵性能,因而能在某些散装填料塔不适宜的场合使用,扩大了填料塔的应用范围。

鉴于以上 250Y 型填料的特点,本设计采用 Mellapok-250Y 型填料,因本设计塔中压力很低。

2. 塔径设计计算

方法 1:Bain-Hougen 关联式

$$\lg\left(\frac{u_F^2}{g}\cdot\frac{a}{\varepsilon^3}\cdot\frac{\rho_V}{\rho_L}\cdot\mu_L^{0.2}\right)=A-K\left(\frac{L}{V}\right)^{1/4}\left(\frac{\rho_V}{\rho_L}\right)^{1/8}$$

式中　u_F——泛点空塔气速,m/s;

　　　g——重力加速度,m/s²,取 9.8 m/s²;

　　　$\dfrac{a}{\varepsilon^2}$——干填料因子,m⁻¹;

　　　a——比表面积,250Y 型取 250 m²/m³;

　　　ε——空隙率,250Y 型取 0.97 m³/m³;

　　　ρ_V、ρ_L——气、液相密度,kg/m³;

　　　μ_L——液相黏度,mPa·s;

　　　A——常数,取 0.291;

　　　K——常数,取 1.75;

　　　L、V——液、气相流量,kg/h。

(1)精馏段空塔气速及塔径计算

查附表 2-11 可知:$V'_{精}=1085.46$ kg/h,$L'_{精}=749.12$ kg/h,$\rho_{V精}=1.093$ kg/m³,$\rho_{L精}=774.71$ kg/m³,$\mu_{L精}=0.343$ mPa·s,得

$$\lg\left(\frac{u_F^2}{9.8}\times\frac{250}{0.97^3}\times\frac{1.093}{774.71}\times0.343^{0.2}\right)=0.291-1.75\times\left(\frac{749.12}{1\,085.46}\right)^{1/4}\times\left(\frac{1.093}{774.71}\right)^{1/8}$$

解得 $u_F=3.497$ m/s

因为空塔气速 u 可取(0.6~0.8)u_F,所以

$$u=0.7u_F=0.7\times3.497=2.448\text{ m/s}$$

方法 2:气相动能因子法

动能因子:
$$F=u\sqrt{\rho_V}$$

式中　u——空塔气速,m/s;

　　　ρ_V——气相密度,kg/m³。

可先从手册中查得操作条件下的 F,则可算得 u。又

$$V_S = \frac{V_精 \overline{M}_{V精}}{3\,600\rho_V} = \frac{V'_精}{3\,600\rho_V} = \frac{1\,085.46}{3\,600 \times 1.093} = 0.276 \ \mathrm{m^3/s}$$

所以

$$塔径 D = \sqrt{\frac{4V_S}{\pi u}} = \sqrt{\frac{4 \times 0.276}{3.14 \times 2.448}} = 0.379 \ \mathrm{m}$$

圆整后:$D = 400 \ \mathrm{mm}$,代入上式可算得此时的空塔气速 $u = 2.19 \ \mathrm{m/s}$。

(2)提馏段空塔气速及塔径计算

查附表 2-12 可知 $V'_提 = 845.94 \ \mathrm{kg/h}$,$L'_提 = 925.32 \ \mathrm{kg/h}$,$\rho_{V提} = 0.82 \ \mathrm{kg/m^3}$,$\rho_{L提} = 879.25 \ \mathrm{kg/m^3}$,
$\mu_{L提} = 0.309 \ \mathrm{mPa \cdot s}$,所以

$$\lg\left(\frac{u_F^2}{9.8} \times \frac{250}{0.97^3} \times \frac{0.82}{879.25} \times 0.309^{0.2}\right) = 0.291 - 1.75 \times \left(\frac{925.32}{845.94}\right)^{1/4} \times \left(\frac{0.82}{879.25}\right)^{1/8}$$

解得 $u_F = 4.18 \ \mathrm{m/s}$

同理,空塔气速 $u = (0.6 \sim 0.8)u_F$。

此时选 $\qquad\qquad u = 0.6u_F = 0.6 \times 4.18 = 2.51 \ \mathrm{m/s}$

又气体体积流量

$$V_S = \frac{V_提 \cdot \overline{M}_{V提}}{3\,600\rho_V} = \frac{V'_提}{3\,600\rho_V} = \frac{845.94}{3\,600 \times 0.82} = 0.287 \ \mathrm{m^3/s}$$

所以提馏段塔径

$$D = \sqrt{\frac{4V_S}{\pi u}} = \sqrt{\frac{4 \times 0.287}{3.14 \times 2.51}} = 0.382 \ \mathrm{m}$$

圆整后:$D = 400 \ \mathrm{mm}$,代入上式可算得此时的空塔气速 $u = 2.28 \ \mathrm{m/s}$。

(3)选取整塔塔径

提馏段及精馏段塔径圆整后 $D = 400 \ \mathrm{mm}$,为精馏塔的塔径。

三、填料层高度设计计算

1.填料层高度计算

(1)精馏段

动能因子 $\qquad F = u\sqrt{\rho_V} = 2.19 \times \sqrt{1.093} = 2.290 \ \mathrm{m/s \cdot (kg/m^3)^{\frac{1}{2}}}$

经查每米理论级数$(NTSM)_精 = 2.60 \ \mathrm{m^{-1}}$

精馏段填料层高度:

$$Z_精 = \frac{n_精}{(NTSM)_精} = \frac{8}{2.60} = 3.08 \ \mathrm{m}$$

式中 $n_精$——精馏段理论塔板数。

(2)提馏段

动能因子 $\qquad F = u\sqrt{\rho_V} = 2.28 \times \sqrt{0.82} = 2.06 \ \mathrm{m/s \cdot (kg/m^3)^{\frac{1}{2}}}$

经查每米理论级数$(NTSM)_提 = 2.68 \ \mathrm{m^{-1}}$

提馏段填料层高度:

$$Z_提 = \frac{n_提}{(NTSM)_提} = \frac{3}{2.68} = 1.12 \ \mathrm{m}$$

填料层总高度:

$$Z = Z_精 + Z_提 = 3.08 + 1.12 = 4.20 \ \mathrm{m}$$

2.填料层压降计算

方法1:查压降曲线

(1)精馏段

液体负荷: $l=3\,600F\dfrac{\sqrt{\rho_V}}{\rho_L}=3\,600\times2.290\times\dfrac{\sqrt{1.093}}{774.71}=11.13\ \text{m}^3/(\text{m}^2\cdot\text{h})$

用精馏段动能因子 F 查液体负荷 l 分别为10和20时的每米填料层压降,再用内插法算得 $l=11.13\ \text{m}^3/(\text{m}^2\cdot\text{h})$ 时的每米压降。

$$
\begin{array}{c|cc}
l & 10 & 20 \\
\hline
\dfrac{\Delta p}{Z} & 0.22 & 0.25
\end{array}
\Rightarrow \quad \text{当}\ l=11.13\ \text{m}^3/(\text{m}^2\cdot\text{h})\text{时},\dfrac{\Delta p}{Z}=0.223\ \text{kPa/m}
$$

精馏段压降:

$$\Delta p_{精}=\dfrac{\Delta p}{Z}\times Z_{精}=0.223\times3.08=0.687\ \text{kPa}$$

(2)提馏段

液体负荷:

$$l=3\,600F\dfrac{\sqrt{\rho_V}}{\rho_L}=3\,600\times2.06\times\dfrac{\sqrt{0.82}}{879.25}=7.64\ \text{m}^3/(\text{m}^2\cdot\text{h})$$

同理,用提馏段动能因子 F 查液体负荷 l 分别为5和10时的每米填料压降,再用内插法算得 $l=7.64\ \text{m}^3/(\text{m}^2\cdot\text{h})$ 时的每米压降。

$$
\begin{array}{c|cc}
l & 5 & 10 \\
\hline
\dfrac{\Delta p}{Z} & 0.166 & 0.179
\end{array}
\Rightarrow \quad \text{当}\ l=7.64\ \text{m}^3/(\text{m}^2\cdot\text{h})\text{时},\dfrac{\Delta p}{Z}=0.173\ \text{kPa/m}
$$

提馏段压降:

$$\Delta p_{提}=\dfrac{\Delta p}{Z}\times Z_{提}=0.173\times1.12=0.194\ \text{kPa}$$

全塔填料层总压降:

$$\Delta p=\Delta p_{精}+\Delta p_{提}=0.687+0.194=0.881\ \text{kPa}$$

方法2:由填料压降关联式计算得出

干填料:

$$\Delta p=802(u_G\sqrt{\rho_G})^{1.72}$$

湿填料:

$$\Delta p=948\times10^{4.46\times10^{-3}\times l}(u_G\sqrt{\rho_G})^{1.72+3.8\times10^{-3}\times l}$$

式中　u_G——空塔气速,m/s;

ρ_G——气相密度,kg/m³;

l——液体喷淋密度,m³/(m²·h)。

方法3:利用模拟的压降曲线估算填料层压降

此法只在缺乏实测压降数据时使用。

3.填料层持液量的计算

(1)精馏段

由上可知:液体负荷 $l=11.13\ \text{m}^3/(\text{m}^2\cdot\text{h})$

气体动能因子 $F=2.290\ \text{m/s}\cdot(\text{kg/m}^3)^{\frac{1}{2}}$

经查:当动能因子 $F=2.290\ \text{m/s}\cdot(\text{kg/m}^3)^{1/2}$ 时,

$$l/[m^3/(m^2 \cdot h)] \qquad\qquad 9 \qquad\qquad 12$$
$$h_L/[10^{-2}(m^3/m^3)] \qquad 4.25 \qquad 5.24$$

由内插法可算得当 $l=11.13 \ m^3/(m^2 \cdot h)$ 时 h_L 的值：

$$\frac{12-9}{(5.24-4.25)\times10^{-2}} = \frac{12-11.13}{(5.24-h_L)\times10^{-2}}$$

所以 $\qquad\qquad\qquad\qquad h_L=4.95\times10^{-2} \ m^3/m^3$

(2)提馏段

由上可知：液体负荷：$l=7.64 \ m^3/(m^2 \cdot h)$

$$动能因子：F=2.06 \ m/s \cdot (kg/m^3)^{\frac{1}{2}}$$

同理可查得：当 $F=2.06 \ m/s \cdot (kg/m^3)^{\frac{1}{2}}$ 时，不同液体负荷下的持液量。

$$l/[m^3/(m^2 \cdot h)] \qquad\qquad 6 \qquad\qquad 9$$
$$h_L/[10^{-2}(m^3/m^3)] \qquad 3.61 \qquad 4.23$$

由内插法可算得：当 $l=7.64 \ m^3/(m^2 \cdot h)$ 时，h_L 的值：

$$\frac{9-6}{(4.23-3.61)\times10^{-2}} = \frac{7.64-6}{(h_L-3.61)\times10^{-2}} \Rightarrow h_L=3.95\times10^{-2} \ m^3/m^3$$

精馏段、提馏段各参数表见附表 2-13。

附表 2-13　　　　　　　　精馏段、提馏段各参数表

类型	精馏段	提馏段	全塔
气体动能因子 $F/[m/s \cdot (kg/m^3)^{\frac{1}{2}}]$	2.290	2.06	
每米填料压降 $\frac{\Delta p}{Z}/(kPa \cdot m^{-1})$	0.223	0.173	
填料压降 $\Delta p/kPa$	0.687	0.194	0.881
填料层高度 Z/m	3.08	1.12	4.20
持液量 $h_L/(m^3/m^3)$	4.95×10^{-2}	3.95×10^{-2}	

第 3 章　附属设备及主要附件的选型计算

第 1 节　冷凝器

本设计冷凝器选用重力回流直立或管壳式冷凝器原理。对于蒸馏塔的冷凝器，一般选用列管式、空气冷凝螺旋板式换热器。因本设计冷凝器与被冷凝流体温差不大，所以选用管壳式冷凝器，被冷凝气体走管间，以便于及时排出冷凝液。

冷凝水循环与气体方向相反，即逆流式。当气体流入冷凝器时，使其液膜厚度减薄，传热系数增大，利于节省面积，减少材料费用。取冷凝器传热系数

$$K=550 \ kcal/(m^2 \cdot h \cdot ℃)=2\ 302 \ kJ/(m^2 \cdot h \cdot ℃)$$

沈阳地区夏季最高平均水温为 25 ℃，温升 10 ℃。

对于逆流：

$$T \quad 65.31\ ℃ ← 65.66\ ℃$$

$$t \quad 25\ ℃ → 35\ ℃$$

所以
$$\Delta t_m = \frac{\Delta t_2 - \Delta t_1}{\ln\dfrac{\Delta t_2}{\Delta t_1}} = \frac{(65.31-25)-(65.66-35)}{\ln\dfrac{(65.31-25)}{(65.66-35)}} = 35.27\ ℃$$

根据附表 2-5 可得：

$$Q_C = 1.28 \times 10^6\ \text{kJ/h}$$

所以冷凝器冷凝面积

$$A = \frac{Q_C}{K\Delta t_m} = \frac{1.28 \times 10^6}{2\ 302 \times 35.27} = 15.77\ \text{m}^2$$

查取有关数据见附表 2-14：

附表 2-14   数据表 1

公称直径/mm	管程数	管数	管长/mm	换热面积/m²	公称压力/MPa
400	I	109	2 000	$\dfrac{16}{16.3}$	16

注：摘自《化工设备设计手册 2——金属设备》(上) P118 表 2-2-5 和 P132 表 2-2-8。

标准图号：JB-1145-71-2-30   设备型号：G400 I-16-16

第 2 节 加热器

选用 U 形管加热器，经处理后，放在塔釜内。蒸汽选择 133.3 ℃饱和水蒸气，传热系数

$$K = 1\ 000\ \text{kcal/(m}^2 \cdot \text{h} \cdot ℃) = 4\ 186\ \text{kJ/(m}^2 \cdot \text{h} \cdot ℃)$$

$$\Delta t = 133.3 - 100 = 33.3\ ℃$$

由附表 2-5 可得

$$Q'_S = 1.42 \times 10^6\ \text{kJ/h}$$

换热面积：

$$A = \frac{Q'_S}{K\Delta t} = \frac{1.42 \times 10^6}{4\ 186 \times 33.3} = 10.19\ \text{m}^2$$

附表 2-15   数据表 2

公称直径/mm	管程数	管数	管长/mm	换热面积/m²	公称压力/MPa
400	II	102	1 500	$\dfrac{10}{11.2}$	16

注：摘自《化工设备设计手册 2——金属设备》(上) P118 表 2-2-5 和 P132 表 2-2-8。

标准图号：JB-1145-71-1-21   设备型号：G400 II-16-15

第 3 节 塔内其他构件

一、接管管径的计算和选择

1. 进料管

本次加料选用高位槽进料，所以 W_F 可取 $0.4 \sim 0.8$ m/s。本次设计取 $W_F = 0.6$ m/s。

$$d_F = \sqrt{\frac{4F'}{3\ 600\pi W_F\rho_L}} = \sqrt{\frac{4 \times 416.67}{3\ 600 \times 3.14 \times 0.6 \times 799.10}} = 0.017\ 5\ \text{m}$$

式中　F'——进料液质量流量,kg/h。

　　　ρ_L——进料条件下的液体密度,kg/m³。

圆整后 $d_F=18$ mm。

见附表2-16。

附表 2-16　　　　　　　　　　进料管参数表　　　　　　　　　　mm

内管 $d_2 \times s_2$	外管 $d_1 \times s_1$	半径 R	H_1	H_2	内管重/(kg/m)
18×3	76×4	75	120	150	1.63

注:摘自《浮阀塔》P197 表 5-3。

2. 回流管

$$d_R = \sqrt{\frac{4L}{3\,600\pi W_R \rho_L}} = \sqrt{\frac{4 \times 821.02}{3\,600 \times 3.14 \times 0.4 \times 750.32}} = 0.031 \text{ m}$$

式中　$L=RD'=2.78 \times 295.34=821.04$ kg/h

　　　L——回流液体质量流量,kg/h;

　　　ρ_L——塔顶液相密度,kg/m³。

本次设计采用的是重力回流,所以速度 W_R 取 0.2~0.5 m/s。

此处选 $W_R=0.4$ m/s,圆整后 $d_R=32$ mm。

见附表2-17。

附表 2-17　　　　　　　　　　回流管参数表　　　　　　　　　　mm

内管 $d_2 \times s_2$	外管 $d_1 \times s_1$	半径 R	H_1	H_2	内管重/(kg/m)
32×3.5	57×3.5	120	120	150	2.46

注:摘自《浮阀塔》P197 表 5-3。

3. 塔顶蒸气管

因为操作压力为常压,所以蒸气速度 W_V 可取 12~20 m/s,本设计选 $W_V=15$ m/s。

$$d_D = \sqrt{\frac{4V}{3\,600\pi W_V \rho_V}} = \sqrt{\frac{4 \times 1\,116.35}{3\,600 \times 3.14 \times 15 \times 1.136}} = 0.152 \text{ m}$$

式中　$V=(R+1)D'=(2.78+1) \times 295.34=1116.38$ kg/h

　　　V——塔顶蒸气质量流量,kg/h;

　　　ρ_V——塔顶气相密度,kg/m³。

圆整后 $d_V=159$ mm。

塔顶蒸气管参数表见附表2-18。

附表 2-18　　　　　　　　　　塔顶蒸气管参数表　　　　　　　　　　mm

内管 $d_2 \times s_2$	外管 $d_1 \times s_1$	半径 R	H_1	H_2	内管重(kg/m)
159×4.5	219×6	480	150	200	17.15

注:摘自《浮阀塔》P197 表 5-3。

4. 塔釜出料管

塔釜流出液的速度 W_W 一般可取 0.5~1.0 m/s,本设计取 0.6 m/s。

$$d_W = \sqrt{\frac{4W}{3\,600\pi W_W \rho_L}} = \sqrt{\frac{4 \times 120.36}{3\,600 \times 3.14 \times 0.6 \times 959.4}} = 0.009 \text{ m}$$

式中　W——塔釜流出液的质量流量,kg/h;

ρ_L——塔釜液相密度，kg/m^3。

圆整后 $d_w=18$ mm。

见附表 2-19。

附表 2-19　　　　　　塔釜出料管参数表　　　　　　　　mm

内管 $d_2 \times s_2$	外管 $d_1 \times s_1$	半径 R	H_1	H_2	内管重/(kg/m)
18×8	57×3.5	50	120	150	1.11

二、除沫器

为了确保气体的纯度，减少液体的夹带损失，选用除沫器。常用的除沫器装置有折板除沫器、丝网除沫器以及旋流板除沫器。本设计塔径较小，且气液分离，故采用小型丝网除沫器，装入设备上盖。

气速计算

$$W_K = K \sqrt{\frac{\rho_L - \rho_V}{\rho_V}}$$

式中　K——常数，取 0.107；

　　　ρ_L, ρ_V——精馏段气体和液体的密度，kg/m^3。

$$W_K = 0.107 \times \sqrt{\frac{774.71 - 1.093}{1.093}} = 2.847 \text{ m/s}$$

除沫器直径计算：

$$D = \sqrt{\frac{4V}{\pi \cdot W_K}}$$

式中　V——气体处理量，m^3/s。

$$V = \frac{V'_{精}}{3\,600 \times \rho_{V精}} = \frac{1\,085.46}{3\,600 \times 1.093} = 0.276 \text{ m}^3/\text{s}$$

所以

$$D = \sqrt{\frac{4 \times 0.276}{3.14 \times 2.847}} = 0.351 \text{ m}$$

三、液体分布器

采用莲蓬头式喷淋器。选用此装置能使截面的填料表面较好地润湿。结构简单，制造和维修方便，喷洒比较方便，安装简便。

1. 回流液分布器

流速系数 φ 可取 0.82~0.85，推动力液柱高度 H 可取 0.12~0.15m 以上，本设计选 $\varphi=0.83$，$H=0.16$ m。

$$W = \varphi \sqrt{2gH} = 0.83 \times \sqrt{2 \times 9.8 \times 0.16} = 1.47 \text{ m/s}$$

小孔输液能力计算：

$$Q = \frac{L}{\rho_L \times 3\,600} = \frac{821.04}{750.32 \times 3\,600} = 3.0 \times 10^{-4} \text{ m}^3/\text{s}$$

$$f = \frac{Q}{\varphi \cdot W} = \frac{3.0 \times 10^{-4}}{0.83 \times 1.47} = 2.46 \times 10^{-4} \text{ m}^2$$

$$n = \frac{f}{\frac{\pi}{4}d^2} = \frac{2.46 \times 10^{-4}}{\frac{3.14}{4} \times (4 \times 10^{-3})^2} = 19.6 \approx 20 (\text{个})$$

式中　W——小孔流速，m/s；

　　　f——小孔总面积，m^2；

H——推动力液柱高度，m，取 $H=0.16$ m；

d——小孔直径，可取 $4\sim10$ mm，此处选 $d=4$ mm；

φ——流速系数，取 0.83；

n——小孔总数；

Q——小孔输液能力，m^3/s。

喷洒球面中心到填料表面距离计算：$h=r\cot\alpha+\dfrac{gr^2}{2W^2\sin^2\alpha}$

式中　r——喷射圆周半径，m；

α——喷射角，可取 $\alpha\leqslant40°$，本设计选 $\alpha=40°$。

$$r=\frac{D}{2}-(75\sim100)=\frac{400}{2}-80=120\text{ mm}=0.12\text{ m}$$

式中　D——精馏塔内径，mm。

$$h=r\cot\alpha+\frac{gr^2}{2W^2\sin^2\alpha}$$
$$=0.12\cot40°+\frac{9.8\times0.12^2}{2\times1.47^2\times(\sin40°)^2}$$
$$=0.222\text{ m}=222\text{ mm}$$

2.进料液分布器

由前知，小孔流速　　　　　　　$W=1.47$ m/s

小孔输液能力

$$Q=\frac{F}{\rho_{LF}\times3600}=\frac{416.67}{799.10\times3600}=1.45\times10^{-4}\text{ m}^3/s$$

同样，取 $d=4$ mm，$\varphi=0.83$，

$$f=\frac{Q}{\varphi W}=\frac{1.45\times10^{-4}}{0.83\times1.47}=1.19\times10^{-4}\text{ m}^2$$
$$n=\frac{f}{\frac{\pi}{4}d^2}=\frac{1.19\times10^{-4}}{\frac{3.14}{4}\times(4\times10^{-3})^2}=9.5\approx10(\text{个})$$

取 $\alpha=40°$，所以

$$h=r\cot\alpha+\frac{gr^2}{2W^2\sin^2\alpha}$$
$$=0.12\cot40°+\frac{9.8\times0.12^2}{2\times1.47^2\times(\sin40°)^2}$$
$$=0.222\text{ m}=222\text{ mm}$$

又因为莲蓬头直径 d 可取 $(0.2\sim0.3)D$，本设计选

$$d=0.25D=0.25\times400=100\text{ mm}$$

四、液体再分布器

由于规整填料本身就具有使液体均匀分布的性能，故本次设计不需另外设液体再分布器对液体再次分布。

五、填料支撑板的选择

本设计采用波纹板网支撑板，板网支撑结构简单，重量轻，自由截面大，但强度低。本设计填料层高

度较低,故此支撑板适用。主要设计参考附表 2-20 和附表 2-21。

附表 2-20　　　不锈钢波纹板网支撑板的设计参数表

塔径/mm	板外径/mm	板高/mm	近似重量/N
400	394	25	15

注:摘自《化工设备设计全书——塔设备》P168 表 5-47。

附表 2-21　　　支撑圈尺寸参数表(采用不锈钢)

塔径/mm	D_1/mm	D_2/mm	厚度/mm	重量/N
400	397	337	4	109

注:摘自《化工设备设计全书——塔设备》P189 表 5-53。

六、塔釜设计

料液在釜内停留 15 min,装料系数取 0.5。

$$\frac{塔釜高(h)}{塔径(d)} = 2:1$$

塔釜料液量:

$$L_w = \frac{L'}{\rho_L} \times \frac{15}{60} = \frac{925.32}{879.25} \times \frac{1}{4} = 0.263 \ m^3$$

式中　ρ_L——提馏段液相密度;

L'——提馏段液相质量流量。

塔釜体积

$$V_w = \frac{L_w}{0.5} = \frac{0.263}{0.5} = 0.526 \ m^3$$

又因为

$$V_w = \frac{\pi}{4} d^2 h, \quad h/d = 2$$

所以

$$V_w = \frac{1}{2} \pi d^3$$

$$d = \sqrt[3]{\frac{2V_w}{\pi}} = \sqrt[3]{\frac{2 \times 0.526}{3.14}} = 0.695 \ m$$

$$h = 2d = 2 \times 0.695 = 1.39 \ m$$

七、塔的顶部空间高度

塔的顶部空间高度是指塔顶第一层,塔盘到塔顶封头切线的距离。为了减少塔顶出口气体中夹带的液体量,顶部空间一般取 1.2～1.5 m,本设计取 1.2 m。

第4节　精馏塔高度计算

精馏塔各部分高度列表见附表 2-22。

附表 2-22　　　精馏塔各部分高度列表　　　　　　　mm

塔顶空隙	塔顶接管高	填料层高度	塔釜	鞍式支座
1 200	150	4 200	1 404	300

塔釜法兰高	喷头弯曲半径	喷淋高度	进料口喷头上方高度
200	90	222	200

$$H = 1\ 200 + 150 + 4\ 200 + 1\ 404 + 300 + 200 + 90 + 222 + 200 = 7\ 966 \ mm$$

不同设计条件结果汇总表见附表 2-23。

附表 2-23　　　　　不同设计条件结果汇总表

类型	$F(10^4 t)$	R	q	x_D	x_F	x_W	N_T	塔径/m	塔高/m
	40	1.944	1	96%	25%	3%	8	2.4	16
	40	1.750	1	96%	25%	3%	9	2.4	17
R 不同	40	1.555	1	96%	25%	3%	9	2.4	17
	40	1.458	1	96%	25%	3%	9	2.4	19
	40	1.361	1	96%	25%	3%	11	2.4	19
	50	2.4	1	96%	15%	3%	9	2.0	11.04
	50	1.7	1	96%	20%	3%	9	2.2	11.14
x_F 不同	50	1.6	1	96%	25%	3%	11	2.4	12.69
	50	1.3	1	96%	30%	3%	11	2.4	12.69
	50	1.1	1	96%	35%	3%	11	2.6	12.69
	50	1.52	1	95%	25%	3%	8	2.0	11.30
	50	1.58	1	96%	25%	3%	8	2.0	11.38
x_D 不同	50	1.41	1	96.5%	25%	3%	8	2.0	11.40
	50	1.51	1	97%	25%	3%	8	2.0	11.58
	50	1.74	1	98%	25%	3%	9	2.0	12.80
	50	1.50	1	99%	25%	3%	10	2.0	12.80
	50	18.05	−1	96%	25%	3%	6	4.3	8.95
	50	9.35	0	96%	25%	3%	6	3.2	13.60
q 不同	50	3.96	0.5	96%	25%	3%	7	2.4	14.55
	50	1.6	1	96%	25%	3%	8	2.6	15.00
	50	0.7789	2	96%	25%	3%	15	2.7	32.30

参考文献略

化工原理课程设计任务书 3

设计题目:分离苯-甲苯混合液的筛板精馏塔。

在一常压操作的连续精馏塔内分离苯-甲苯混合物。已知原料液的处理量为 4 000 kg/h,组成为 0.41(苯的质量分数,下同),要求塔顶馏出液的组成为 0.96,塔底釜液的组成为 0.01。

设计条件见附表 3-1:

附表 3-1　　　　　　　　　　　　　　　设计条件

操作压力	进料热状况	回流比	单板压降	全塔效率	建厂地址
4kPa(塔顶表压)	自选	自选	≤0.7kPa	$E_T = 52\%$	天津地区

试根据上述工艺条件作出筛板塔的设计计算。

一、设计方案的确定

本设计任务为分离苯-甲苯混合物。对于二元混合物的分离,应采用连续精馏流程。设计中采用泡点进料,将原料液通过预热器加热至泡点后送入精馏塔内。塔顶上升蒸气采用全凝器冷凝,冷凝液在泡点下一部分回流至塔内,其余部分经产品冷却器冷却后送至储罐。该物系属易分离物系,最小回流比较小,故操作回流比取最小回流比的 2 倍。塔釜采用间接蒸气加热,塔底产品经冷却后送至储罐。

二、精馏塔的物料衡算

1. 原料液及塔顶、塔底产品的摩尔分数

苯的摩尔质量:　$M_A = 78.11$ kg/kmol

甲苯的摩尔质量:　$M_B = 92.14$ kg/kmol

$$x_F = \frac{0.41/78.11}{0.41/78.11 + 0.59/92.14} = 0.450$$

$$x_D = \frac{0.96/78.11}{0.96/78.11 + 0.04/92.14} = 0.966$$

$$x_W = \frac{0.01/78.11}{0.01/78.11 + 0.99/92.14} = 0.012$$

2. 原料液及塔顶、塔底产品的平均摩尔质量

$$M_F = 0.450 \times 78.11 + (1 - 0.450) \times 92.14 = 85.82 \text{ kg/kmol}$$

$$M_D = 0.966 \times 78.11 + (1 - 0.966) \times 92.14 = 78.59 \text{ kg/kmol}$$

$$M_W = 0.012 \times 78.11 + (1 - 0.012) \times 92.14 = 91.96 \text{ kg/kmol}$$

3. 物料衡算原料处理量

$$F = \frac{4\ 000}{85.82} = 46.61 \text{ kmol/h}$$

总物料衡算:　　　　　　$46.61 = D + W$

苯物料衡算:　　　　　　$46.61 \times 0.45 = 0.966 \times D + 0.012 \times W$

联立解得　　　　　　$D = 21.40$ kmol/h, $W = 25.21$ kmol/h

三、塔板数的确定

1.理论板层数 N_T 的求取

苯-甲苯属理想物系,可采用图解法求理论板层数。

(1)由手册查得苯-甲苯物系的气液平衡数据,绘出 x-y 图(图略)。

(2)求最小回流比及操作回流比。

采用作图法求最小回流比。在图中对角线上,自点 $e(0.45,0.45)$ 作垂线 ef 即为进料线(q 线),该线与平衡线的交点坐标:

$$y_q = 0.667 , \quad x_q = 0.450$$

故最小回流比:
$$R_{min} = \frac{x_D - y_q}{y_q - x_q} = \frac{0.966 - 0.667}{0.667 - 0.45} = 1.38$$

取操作回流比:
$$R = 2R_{min} = 2 \times 1.38 = 2.76$$

(3)求精馏塔的气、液相负荷

$$L = R \times D = 2.76 \times 21.40 = 59.06 \text{ kmol/h}$$

$$V = (R+1)D = (2.76+1) \times 21.40 = 80.46 \text{ kmol/h}$$

$$L' = L + F = 59.06 + 46.61 = 105.67 \text{ kmol/h}$$

$$V' = V = 80.46 \text{ kmol/h}$$

(4)求操作线方程

精馏段操作线方程:
$$y = \frac{L}{V}x + \frac{D}{V}x_D + \frac{59.06}{80.46}x + \frac{21.40}{80.46} \times 0.966 = 0.734x + 0.257$$

提馏段操作线方程:
$$y' = \frac{L'}{V'}x' - \frac{W}{V'}x_w = \frac{105.67}{80.46}x' - \frac{25.21 \times 0.012}{80.46} = 1.313x' - 0.004$$

(5)图解法求理论板层数

采用图解法求理论板层数。求解结果为

总理论板层数 $N_T = 12.5$(包括再沸器),进料板位置 $N_F = 6$

2.实际板层数的求取

精馏段实际板层数:
$$N_{精} = 5/0.52 = 9.6 \approx 10$$

提馏段实际板层数:
$$N_{提} = 6.5/0.52 = 12.5 \approx 13$$

四、精馏塔的工艺条件及有关物性数据的计算

以精馏段为例进行计算。

1.操作压力计算

塔顶操作压力:
$$p_D = 101.3 + 4 = 105.3 \text{ kPa}$$

每层塔板压降:
$$\Delta p = 0.7 \text{ kPa}$$

进料板压力:
$$p_F = 105.3 + 0.7 \times 10 = 112.3 \text{ kPa}$$

精馏段平均压力:
$$p_m = (105.3 + 112.3)/2 = 108.8 \text{ kPa}$$

2.操作温度计算

依据操作压力,由泡点方程通过试差法计算出泡点温度,其中苯、甲苯的饱和蒸气压由安托尼方程计算,计算过程略。计算结果如下:

塔顶温度:$t_D = 82.1 ℃$,进料板温度:$t_F = 99.5 ℃$

精馏段平均温度 $t_m = (82.1 + 99.5)/2 = 90.8 ℃$

3.平均摩尔质量计算

塔顶平均摩尔质量计算

由 $x_D = y_1 = 0.966$,查平衡曲线,得

$$x_1 = 0.916$$

$$M_{VDm} = 0.966 \times 78.11 + (1-0.966) \times 92.13 = 78.59 \text{ kg/kmol}$$

$$M_{LDm} = 0.916 \times 78.11 + (1-0.916) \times 92.13 = 79.29 \text{ kg/kmol}$$

进料板平均摩尔质量计算

由图解理论板,得　$y_F = 0.604$

查平衡曲线,得　$x_F = 0.388$

$$M_{VFm} = 0.604 \times 78.11 + (1-0.604) \times 92.13 = 83.66 \text{ kg/kmol}$$

$$M_{LFm} = 0.388 \times 78.11 + (1-0.388) \times 92.13 = 86.69 \text{ kg/kmol}$$

精馏段平均摩尔质量

$$M_{Vm} = (78.59 + 83.66)/2 = 81.13 \text{ kg/kmol}$$

$$M_{Lm} = (79.29 + 86.69)/2 = 82.99 \text{ kg/kmol}$$

4.平均密度计算

(1)气相平均密度计算

由理想气体状态方程计算,即

$$\rho_{Vm} = \frac{p_m \times M_{Vm}}{RT_m} = \frac{108.8 \times 81.13}{83.14 \times (90.8 + 273.15)} = 2.92 \text{ kg/m}^3$$

(2)液相平均密度计算

液相平均密度依下式计算:

$$\frac{1}{\rho_{Lm}} = \sum \alpha_i / \rho_i$$

塔顶液相平均密度的计算:

由 $t_D = 82.1 \, ℃$,查手册得　$\rho_A = 812.7 \text{ kg/m}^3$, $\quad \rho_B = 807.9 \text{ kg/m}^3$

$$\rho_{LDm} = \frac{1}{0.96/812.7 + 0.04/807.9} = 812.5 \text{ kg/m}^3$$

进料板液相平均密度的计算

由 $t_F = 99.5 \, ℃$,查手册得　$\rho_A = 793.1 \text{ kg/m}^3$, $\quad \rho_B = 790.8 \text{ kg/m}^3$

进料板液相的质量分数计算

$$\alpha_A = \frac{0.388 \times 78.11}{0.388 \times 78.11 + 0.612 \times 92.13} = 0.350$$

$$\rho_{LFm} = \frac{1}{0.35/793.1 + 0.65/790.8} = 791.6 \text{ kg/m}^3$$

精馏段液相平均密度为　$\rho_{Lm} = (812.5 + 791.6)/2 = 802.1 \text{ kg/m}^3$

5.液相平均表面张力计算

液相平均表面张力依下式计算,即

$$\sigma_{Lm} = \sum \alpha_i \times \sigma_i$$

塔顶液相平均表面张力的计算

由 $t_D = 82.1 \, ℃$,查手册得　$\sigma_A = 21.24 \text{ mN/m}$, $\quad \sigma_B = 21.42 \text{ mN/m}$

$$\sigma_{LDm} = 0.966 \times 21.24 + 0.034 \times 21.42 = 21.25 \text{ mN/m}$$

进料板液相平均表面张力的计算

由 $t_F = 99.5 \, ℃$,查手册得　$\sigma_A = 18.90 \text{ mN/m}$, $\quad \sigma_B = 20.00 \text{ mN/m}$

$$\sigma_{LFm} = 0.388 \times 18.90 + 0.612 \times 20.00 = 19.57 \text{ mN/m}$$

精馏段液相平均表面张力为

$$\sigma_{Lm} = (21.25 + 19.57)/2 = 20.41 \text{ mN/m}$$

6.液相平均黏度计算

液相平均黏度依下式计算：

$$\lg\mu_{Lm} = \sum x_i \lg\mu_i$$

塔顶液相平均黏度的计算：

由 $t_D = 82.1 \text{ ℃}$,查手册得 $\mu_A = 0.302 \text{ mPa·s}$, $\mu_B = 0.306 \text{ mPa·s}$

$$\lg\mu_{LDm} = 0.966\lg(0.302) + 0.034\lg(0.306)$$

解出 $\mu_{LDm} = 0.302 \text{ mPa·s}$

进料板液相平均黏度的计算：

由 $t_F = 99.5 \text{ ℃}$,查手册得 $\mu_A = 0.256 \text{ mPa·s}$, $\mu_B = 0.265 \text{ mPa·s}$

$$\lg\mu_{LFm} = 0.388 \times \lg(0.256) + 0.612 \times \lg(0.265)$$

解出 $\mu_{LFm} = 0.261 \text{ mPa·s}$

精馏段液相平均表面张力为 $\mu_{Lm} = (0.302 + 0.261)/2 = 0.282 \text{ mPa·s}$

五、精馏塔的塔体工艺尺寸计算

1.塔径的计算

精馏段的气、液相体积流率为

$$V_s = \frac{V M_{Vm}}{3\,600 \rho_{Vm}} = \frac{80.46 \times 81.13}{3\,600 \times 2.92} = 0.621 \text{ m}^3/\text{s}$$

$$L_s = \frac{L M_{Lm}}{3\,600 \rho_{Lm}} = \frac{59.06 \times 82.99}{3\,600 \times 802.1} = 0.001\,7 \text{ m}^3/\text{s}$$

由 $u_{max} = C\sqrt{\dfrac{\rho_L - \rho_V}{\rho_V}}$,式中 C 由式(5-5)计算,其中的 C_{20} 由图5-1查取,图的横坐标为

$$\frac{L_h}{V_h} \times \left(\frac{\rho_L}{\rho_V}\right)^{1/2} = \frac{0.001\,7 \times 3\,600}{0.621 \times 3\,600} \times \left(\frac{802.1}{2.92}\right)^{1/2} = 0.0454$$

取板间距 $H_T = 0.40 \text{ m}$,板上液层高度 $h_L = 0.06 \text{ m}$,则

$$H_T - h_L = 0.40 - 0.06 = 0.34 \text{ m}$$

查图5-1得 $C_{20} = 0.072$

$$C = C_{20}\left(\frac{\sigma_L}{20}\right)^{0.2} = 0.072 \times \left(\frac{20.41}{20}\right)^{0.2} = 0.072\,3$$

$$u_{max} = 0.072\,3\sqrt{\frac{802.1 - 2.92}{2.92}} = 1.196 \text{ m/s}$$

取安全系数为0.7,则空塔气速为

$$u = 0.7 u_{max} = 0.7 \times 1.196 = 0.837 \text{ m/s}$$

$$D = \sqrt{\frac{4V_s}{\pi u}} = \sqrt{\frac{4 \times 0.621}{\pi \times 0.837}} = 0.972 \text{ m}$$

按标准塔径圆整后为 $D = 1.0 \text{ m}$

塔截面积为 $A_T = \dfrac{\pi}{4}D^2 = \dfrac{\pi}{4} \times 1.0^2 = 0.785 \text{ m}^2$

实际空塔气速为 $u = \dfrac{0.621}{0.785} = 0.791 \text{ m/s}$

2.精馏塔有效高度的计算

精馏段有效高度为 $Z_精 = (N_精 - 1)H_T = (10 - 1) \times 0.4 = 3.6 \text{ m}$

提馏段有效高度为　$Z_提=(N_提-1)H_T=(13-1)\times 0.4=4.8$ m

在进料板上方开一人孔,其高度为 0.8 m,故精馏塔的有效高度为

$$Z=Z_精+Z_提+0.8=3.6+4.8+0.8=9.2 \text{ m}$$

六、塔板主要工艺尺寸的计算

1.溢流装置计算

因塔径 $D=1.0$ m,可选用单溢流弓形降液管,采用凹形受液盘。各项计算如下:

(1)堰长 l_W

取　$l_W=0.66D=0.66\times 1.0=0.66$ m

(2)溢流堰高度 h_W

由 $h_W=h_L-h_{OW}$,选用平直堰,堰上液层高度

$$h_{OW}=\frac{2.84}{1\ 000}E\left(\frac{L_h}{l_W}\right)^{2/3}$$

近似取 $E=1$,则　$h_{OW}=\frac{2.84}{1\ 000}\times 1\times\left(\frac{0.001\ 7\times 3\ 600}{0.66}\right)^{2/3}=0.013$ m

取板上清液层高度 $h_L=60$ mm,故

$$h_W=0.06-0.013=0.047 \text{ m}$$

(3)弓形降液管宽度 W_d 和截面积 A_f

由 $\dfrac{l_W}{D}=0.66$,查图 5-7,得　$\dfrac{A_f}{A_T}=0.072\ 2$, $\dfrac{W_d}{D}=0.124$

故　　　　　　　　$A_f=0.072\ 2A_T=0.072\ 2\times 0.785=0.056\ 7 \text{ m}^2$

$$W_d=0.124D=0.124\times 1.0=0.124 \text{ m}$$

依式(5-9)验算液体在降液管中停留时间,即

$$\theta=\frac{3\ 600A_fH_T}{L_h}=\frac{3\ 600\times 0.056\ 7\times 0.40}{0.001\ 7\times 3\ 600}=13.34 \text{ s}>5 \text{ s}$$

故降液管设计合理。

(4)降液管底隙高度 h_0

$$h_0=\frac{L_h}{3\ 600\ l_W u'_0}$$

取 $u'_0=0.08$ m/s,则

$$h_0=\frac{0.001\ 7\times 3\ 600}{3\ 600\times 0.66\times 0.08}=0.032 \text{ m}$$

$$h_W-h_0=0.047-0.032=0.015 \text{ m}>0.013 \text{ m}$$

故降液管底隙高度设计合理。

选用凹形受液盘,深度 $h'_W=50$ mm。

2.塔板布置

(1)塔板的分块

因 $D\geqslant 800$ mm,故塔板采用分块式。查表 5-3 得,塔板分为 3 块。

(2)边缘区宽度确定

取 $W_s=W'_s=0.065$ m,$W_c=0.035$ m

(3)开孔区面积计算

开孔区面积 A_a 按式(5-12)计算,即

$$A_a=2\left(x\ \sqrt{r^2-x^2}+\frac{\pi r^2}{180}\arcsin\frac{x}{r}\right)$$

$$x = \frac{D}{2} - (W_d + W_s) = \frac{1.0}{2} - (0.124 + 0.065) = 0.311 \text{ m}$$

其中
$$r = \frac{D}{2} - W_c = \frac{1.0}{2} - 0.035 = 0.465 \text{ m}$$

故
$$A_a = 2 \times \left(0.311 \times \sqrt{0.465^2 - 0.311^2} + \frac{\pi \times 0.465^2}{180} \arcsin \frac{0.311}{0.465}\right) = 0.532 \text{ m}^2$$

(4)筛孔计算及其排列

本例所处理的物系无腐蚀性,可选用 $\delta = 3$ mm 碳钢板,取筛孔直径 $d_0 = 5$ mm。

筛孔按正三角形排列,取孔中心距
$$t = 3 \times d_0 = 3 \times 5 = 15 \text{ mm}$$

筛孔数目
$$n = \frac{1.155 \times A_0}{t^2} = \frac{1.155 \times 0.532}{0.015^2} = 2731 \text{ 个}$$

开孔率为
$$\varphi = 0.907 \left(\frac{d_0}{t}\right)^2 = 0.907 \times \left(\frac{0.005}{0.015}\right)^2 = 10.1\%$$

气体通过筛孔的气速为
$$u_0 = \frac{V_s}{A_0} = \frac{0.621}{0.101 \times 0.532} = 11.56 \text{ m/s}$$

七、筛板的流体力学验算

1.塔板压降

(1)干板阻力 h_c 计算

干板阻力 h_c 由式(5-19)计算: $h_c = 0.051 \left(\frac{u_0}{c_0}\right)^2 \left(\frac{\rho_V}{\rho_L}\right)$

由 $d_0/\delta = 5/3 = 1.67$,查图 5-10 得,$c_0 = 0.772$

故 $h_c = 0.051 \left(\frac{11.56}{0.772}\right)^2 \left(\frac{2.92}{802.1}\right) = 0.0416 \text{ m 液柱}$

(2)气体通过液层的阻力 h_L 计算

气体通过液层的阻力 h_L 由式(5-20)计算:
$$h_L = \beta \times h_L$$
$$u_a = \frac{V_s}{A_T - A_f} = \frac{0.621}{0.785 - 0.0567} = 0.853 \text{ m/s}$$
$$F_0 = 0.853 \times \sqrt{2.92} = 1.4 \text{ kg}^{1/2}/(\text{s} \cdot \text{m}^{1/2})$$

查图 5-11,得 $\beta = 0.61$。故
$$h_L = \beta h_L = \beta(h_w + h_{OW}) = 0.61 \times (0.047 + 0.013) = 0.0366 \text{ m 液柱}$$

(3)液体表面张力的阻力计算

液体表面张力所产生的阻力 h_σ 由式(5-23)计算:
$$h_\sigma = \frac{4\sigma_L}{\rho_L g d_0} = \frac{4 \times 20.41 \times 10^{-3}}{802.1 \times 9.81 \times 0.005} = 0.0021 \text{ m 液柱}$$

气体通过每层塔板的液柱高度 h_p 可按下式计算:
$$h_p = h_c + h_l + h_\sigma = 0.0416 + 0.0366 + 0.0021 = 0.080 \text{ m 液柱}$$

气体通过每层塔板的压降为 $\Delta p_p = h_p \rho_L g = 0.08 \times 802.1 \times 9.81 = 629 \text{ Pa} < 0.7 \text{ kPa}$(设计允许值)

2.液面落差

对于筛板塔,液面落差很小,且本例的塔径和液流量均不大,故可忽略液面落差的影响。

3.液沫夹带

液沫夹带量由式(5-24)计算:

$$e_V = \frac{5.7 \times 10^{-6}}{\sigma_L} \left(\frac{u_a}{H_T - h_f} \right)^{3.2}$$

$$h_f = 2.5 h_L = 2.5 \times 0.06 = 0.15 \ m$$

故 $e_V = \dfrac{5.7 \times 10^{-6}}{20.41 \times 10^{-3}} \times \left(\dfrac{0.853}{0.40 - 0.15} \right)^{3.2} = 0.014 \ kg \ 液/kg \ 气 < 0.1 \ kg \ 液/kg \ 气$

故在本设计中液沫夹带量 e_V 在允许范围内。

4. 漏液

对筛板塔,漏液点气速 $u_{0,min}$ 可由式(5-25)计算:

$$u_{0,min} = 4.4 c_0 \sqrt{(0.005 \ 6 + 0.13 h_L - h_\sigma) \rho_L / \rho_V}$$

$$= 4.4 \times 0.772 \sqrt{(0.005 \ 6 + 0.13 \times 0.06 - 0.002 \ 1) \times 802.1/2.92} = 5.985 \ m/s$$

实际孔速 $u_0 = 11.56 \ m/s > u_{0,min}$

稳定系数为 $\qquad\qquad K = \dfrac{u_0}{u_{0,min}} = \dfrac{11.56}{5.985} = 1.93 > 1.5$

故在本设计中无明显漏液。

5. 液泛

为防止塔内发生液泛,降液管内液层高 H_d 应服从式(5-32)的关系,即

$$H_d \ll \varphi (H_T + h_w)$$

苯-甲苯物系属一般物系,取 $\varphi = 0.5$,则

$$\varphi(H_T + h_w) = 0.5 \times (0.40 + 0.047) = 0.224 \ m$$

而 $\qquad\qquad\qquad\qquad H_d = h_p + h_L + h_d$

板上不设进口堰,h_d 可由式(5-30)计算,即

$$h_d = 0.153(u'_0)^2 = 0.153 \times 0.08^2 = 0.001 \ m \ 液柱$$

$$H_d = 0.08 + 0.06 + 0.001 = 0.141 \ m \ 液柱$$

$$H_d \ll \varphi(H_T + h_w)$$

故在本设计中不会发生液泛现象。

八、塔板负荷性能图

1. 漏液线

由 $\qquad u_{0,min} = 4.4 c_0 \sqrt{(0.005 \ 6 + 0.13 h_L - h_c) \rho_L / \rho_V}$

$$u_{0,min} = \frac{V_{s,min}}{A_0}, \quad h_L = h_w + h_{OW}, \quad h_{OW} = \frac{2.84}{1 \ 000} E \left(\frac{L_h}{l_w} \right)^{2/3}$$

得 $\quad V_{s,min} = 4.4 c_0 A_0 \sqrt{\left\{ 0.005 \ 6 + 0.13 \left[h_w + \dfrac{2.84}{1 \ 000} \times E \left(\dfrac{L_h}{l_w} \right)^{2/3} \right] - h_\sigma \right\} \rho_L / \rho_V}$

$$= 4.4 \times 0.772 \times 0.101 \times 0.532 \times$$

$$\sqrt{\left\{ 0.005 \ 6 + 0.13 \times \left[0.047 + \frac{2.84}{1 \ 000} \times 1 \times \left(\frac{3 \ 600 L_s}{0.66} \right)^{2/3} \right] - 0.002 \ 1 \right\} 802.1/2.92}$$

整理得 $\quad V_{s,min} = 3.025 \times \sqrt{0.009 \ 61 + 0.114 L_s^{2/3}}$

在操作范围内,任取几个 L_s 值,依上式计算出 V_s 值,计算结果列于附表3-2。

附表 3-2 　　　　　　　　　计算结果 1

$L_s/(m^3/s)$	$V_s/(m^3/s)$	$L_s/(m^3/s)$	$V_s/(m^3/s)$
0.006	0.309	0.003 0	0.331
0.001 5	0.319	0.004 5	0.341

由此表数据即可作出漏液线 1。

2.液沫夹带线

以 $e_V = 0.1$ kg 液/kg 气为限,求 V_s-L_s 关系如下:

$$e_V = \frac{5.7 \times 10^{-6}}{\sigma_L} \left(\frac{u_a}{H_T - h_f}\right)^{3.2}$$

由 $u_a = \frac{V_s}{A_T - A_f} = \frac{V_s}{0.785 - 0.0567} = 1.373 V_s$

$h_f = 2.5 h_L = 2.5(h_w + h_{OW})$, $h_w = 0.047$, $h_{OW} = \frac{2.84}{1000} \times 1 \times \left(\frac{3\,600 L_s}{0.66}\right)^{2/3} = 0.88 L_s^{2/3}$

$h_f = 0.118 + 2.2 L_s^{2/3}$, $H_T - h_f = 0.282 - 2.2 L_s^{2/3}$

$$e_V = \frac{5.7 \times 10^{-6}}{20.41 \times 10^{-3}} \left[\frac{1.373 V_s}{0.282 - 2.2 L_s^{2/3}}\right]^{3.2} = 0.1$$

整理得 $V_s = 1.29 - 10.07 L_s^{2/3}$

在操作范围内,任取几个 L_s 值,依上式计算出 V_s 值,计算结果列于附表 3-3。

附表 3-3 计算结果 2

$L_s/(\text{m}^3/\text{s})$	$V_s/(\text{m}^3/\text{s})$	$L_s/(\text{m}^3/\text{s})$	$V_s/(\text{m}^3/\text{s})$
0.006	1.218	0.003 0	1.081
0.001 5	1.158	0.004 5	0.016

由此表数据即可作出液沫夹带线 2。

3.液相负荷下限线

对于平直堰,取堰上液层高度 $h_{OW} = 0.006$ m 作为最小液体负荷标准。由式(5-7)得

$$h_{OW} = \frac{2.84}{1000} E \left(\frac{3\,600 L_s}{l_w}\right)^{2/3} = 0.006$$

取 $E = 1$,则 $L_{s,\min} = \left(\frac{0.006 \times 1000}{2.84}\right)^{3/2} \frac{0.66}{3\,600} = 0.000\,56$ m³/s

据此可作出与气体流量无关的垂直液相负荷下限线 3。

4.液相负荷上限线

以 $\theta = 4$ s 作为液体在降液管中停留时间的下限,式(5-9)得

$$\theta = \frac{A_f H_T}{L_s} = 4, \quad L_{s,\min} = \frac{A_f \cdot H_T}{4} = \frac{0.056\,7 \times 0.40}{4} = 0.005\,67 \text{ m}^3/\text{s}$$

据此可作出与气体流量无关的垂直液相负荷上限线 4。

5.液泛线

令 $H_d = \varphi(H_T + h_w)$, $H_d = h_p + h_L + h_d$, $h_p = h_c + h_L + h_\sigma$, $h_1 = \beta \cdot h_L$, $h_L = h_w + h_{OW}$

联立得 $\varphi H_T + (\varphi - \beta - 1) h_w = (\beta + 1) h_{OW} + h_c + h_d + h_\sigma$

忽略 h_σ,将 h_{OW} 与 L_s,h_d 与 L_s,h_c 与 V_s 的关系式代入上式,并整理得

$$a' V_s^2 = b' - c' L_s^2 - d' L_s^{2/3}$$

$$a' = \frac{0.051}{(A_0 c_0)^2} \left(\frac{\rho_V}{\rho_L}\right)$$

式中 $b' = \varphi H_T + (\varphi - \beta - 1) h_w$;$c' = 0.153/(l_w h_0)^2$;$d' = 2.84 \times 10^{-3} E(1 + \beta) \left(\frac{3\,600}{l_w}\right)^{2/3}$。

将有关的数据代入,得

$$a' = \frac{0.051}{(0.101 \times 0.532 \times 0.772)^2} \times \left(\frac{2.92}{802.1}\right) = 0.108$$

$$b' = 0.5 \times 0.40 + (0.5 - 0.61 - 1) \times 0.047 = 0.148$$

$$c' = \frac{0.153}{(0.66 \times 0.032)^2} = 343.01$$

$$d' = 2.84 \times 10^{-3} \times 1 \times (1 + 0.61) \times \left(\frac{3\,600}{0.66}\right)^{2/3} = 1.421$$

$$0.108 V_s^2 = 0.148 - 343.01 L_s^2 - 1.421 L_s^{2/3}$$

$$V_s^2 = 1.37 - 3.176 L_s^2 - 13.16 L_s^{2/3}$$

在操作范围内,任取几个 L_s 值,依上式计算出 V_s 值,计算结果列于附表 3-4:

附表 3-4　　　　　　　　　　　计算结果 3

$L_s/(\mathrm{m^3/s})$	$V_s/(\mathrm{m^3/s})$	$L_s/(\mathrm{m^3/s})$	$V_s/(\mathrm{m^3/s})$
0.006	1.275	0.003 0	1.068
0.001 5	1.190	0.004 5	0.948

由此表数据即可作出液泛线 5。

根据以上各线方程,可作出筛板塔的负荷性能图(图略)。

在负荷性能图上,作出操作点 A,连接 OA,即作出操作线。由图可看出,该筛板的操作上限为液泛控制,下限为漏液控制。由图查得

$$V_{s,\max} = 1.075 \ \mathrm{m^3/s}, \quad V_{s,\min} = 0.317 \ \mathrm{m^3/s}$$

故操作弹性为

$$\frac{V_{s,\max}}{V_{s,\min}} = \frac{1.075}{0.317} = 3.391$$

所设计筛板的主要结果汇总于附表 3-5。

附表 3-5　　　　　　　　　　　计算结果 4

序号	项目	数值	序号	项目	数值
1	平均温度 t_m,℃	90.8	17	边缘区宽度,m	0.035
2	平均压力 p_m,kPa	108.8	18	开孔区面积,cm²	0.532
3	气相流量 V_s,(m³/s)	0.621	19	筛孔直径,m	0.005
4	液相流量 L_s,(m³/s)	0.001 7	20	筛孔数目	2.731
5	实际塔板数	23	21	孔中心距,m	0.015
6	有效段高度 Z,m	9.2	22	开孔率,%	10.1
7	塔径,m	1.0	23	空塔气速,m/s	0.791
8	板间距,m	0.4	24	筛孔气速,m/s	11.56
9	溢流形式	单溢流	25	稳定系数	1.93
10	降液管形式	弓形	26	每层塔板压降,kPa	0.629
11	堰长,m	0.66	27	负荷上限	液泛控制
12	堰高,m	0.047	28	负荷下限	漏液控制
13	板上液层高度,m	0.06	29	液沫夹带 e_V,(kg 液/kg 气)	0.014
14	堰上液层高度,m	0.013	30	气相负荷上限,m³/s	1.075
15	降液管底隙高度	0.032	31	气相负荷下限,m³/s	0.317
16	安定区宽度,m	0.065	32	操作弹性	3.391

化工原理课程设计任务书 4

设计题目:分离苯-甲苯混合液的填料精馏塔。

第1章　　流程的确定和说明

一、加料方式

加料分两种方式:泵加料和高位槽加料。高位槽加料通过控制液位高度,可以得到稳定流量,但要求搭建塔台,增加基础建设费用;泵加料属于强制进料方式,泵加料易受温度影响,流量不太稳定,流速也忽大忽小,影响传质效率。靠重力的流动方式可省去一笔费用。本次加料可选泵加料,泵和自动调节装置配合控制进料。

二、进料状态

进料方式一般有冷液进料、泡点进料、气液混合物进料、露点进料、加热蒸气进料等。

冷液进料对分离有利,但会增加操作费用。

泡点进料对塔操作方便,不受季节气温影响。

泡点进料基于恒摩尔流,假定精馏段和提馏段上升蒸气量相等,精馏段和提馏段塔径基本相等。

由于泡点进料时塔的制造比较方便,而其他进料方式对设备的要求高,设计起来难度相对加大,所以采用泡点进料。

三、冷凝方式

选全凝器,塔顶出来的气体温度不高。冷凝后回流液和产品温度不高,无须再次冷凝,且本次分离是为了分离苯和甲苯,且制造设备较为简单,为节省资金,选全凝器。

四、回流方式

宜采用重力回流,对于小型塔,冷凝液由重力作用回流入塔。

优点:回流冷凝器无须支撑结构;

缺点:回流控制较难安装,但强制回流需用泵,安装费用、电耗费用大,故不用强制回流,塔顶上升蒸气采用冷凝冷却器以冷凝回流入塔内。

五、加热方式

采用间接加热,因为对同一种进料组成,热状况及回流比得到相同的馏出液组成及回收率时,利用直接蒸汽加热时,所需理论塔板数比间接蒸汽时要多一些,若待分离的混合液为水溶液,且水是难挥发组分,釜液近于纯水,这时可采用直接加热方式。由于本次分离的是苯-甲苯混合液,故采用间接加热。

六、加热器

选用管壳式换热器。只有在工艺物料的特征性或工艺条件特殊时才考虑选用其他型式。例如,热敏性物料加热多采用降膜式或者波纹管式换热器或者换热器流路均匀、加热效率高的加热器。

第2章　精馏塔的设计计算

第1节　操作条件与基础数据

一、操作压力

精馏操作按操作压力可分为常压精馏、加压精馏和减压精馏。一般采用常压精馏,压力对挥发度的影响不大。在常压下不能进行分离或达不到分离要求时,采用加压精馏;对于热敏性物质采用减压精馏。

当压力较高时,对塔顶冷凝有利,对塔底加热不利,同时压力升高,相对挥发度降低,管径减小,壁厚增加。本次设计选用常压101.325 kPa作为操作压力。

二、气液平衡关系及平衡数据

常压下苯-甲苯的气液平衡与温度关系见附表4-1。

附表 4-1　　　　　常压下苯-甲苯的气液平衡与温度关系

温度 t/℃	110.6	106.1	102.2	98.6	95.2	92.1	89.4	86.8	84.4	82.3	81.2	80.2
气相苯 y/%（摩尔分数）	0	21.2	37.0	50.0	61.8	71.0	78.9	85.3	91.4	95.7	97.9	100.0
液相苯 x/%（摩尔分数）	0	8.8	20.0	30.0	39.7	48.9	59.2	70.0	80.3	90.3	95.0	100.0

注:摘自《化工工艺设计手册》(上)P1146。

三、回流比

通常 $R=(1.1\sim2)R_{min}$,此设计取 $R=1.2R_{min}$。

第2节　精馏塔工艺计算

一、物料衡算

1.物流示意图(略)

2.物料衡算

已知:$F''=4\,000$ t/a,$x'_F=40\%$,$x'_D=95\%$,$x'_W=3\%$,年开工 300 d。

$$F'=\frac{4\,000\times10^3}{300\times24}=555.56 \text{ kg/h}$$

$M_{苯}=78.11$ kg/kmol,$M_{甲苯}=92.14$ kg/kmol

进料液、馏出液、釜残液的摩尔分数分别为 x_F、x_D、x_W

苯

$$x_F=\frac{40/78.11}{40/78.11+60/92.14}=0.440\,2$$

$$x_D=\frac{95/78.11}{95/78.11+5/92.14}=0.957\,3$$

$$x_W=\frac{3/78.11}{3/78.11+97/92.14}=0.035\,2$$

进料液平均相对分子质量:

$$\overline{M}_F = M_苯 x_F + M_{甲苯}(1-x_F) = 78.11 \times 0.440\ 2 + 92.14 \times (1-0.440\ 2) = 85.96\ \text{kg/kmol}$$

$$F = \frac{F'}{\overline{M}_F} = \frac{555.56}{85.96} = 6.46\ \text{kmol/h}$$

据物料衡算方程 $\begin{cases} F = D + W \\ F \cdot x_F = D \cdot x_D + W \cdot x_W \end{cases}$

代入数据 $\begin{cases} 6.46 = D + W \\ 6.46 \times 0.440\ 2 = 0.957\ 3D + 0.035\ 2W \end{cases} \Rightarrow \begin{cases} D = 2.84\ \text{kmol/h} \\ W = 3.62\ \text{kmol/h} \end{cases}$

由于泡点进料 $q=1$，由气液平衡数据，用内插法求得进料液温度

$$\frac{48.9-39.7}{92.1-95.2} = \frac{44.02-39.7}{t_F-95.2} \Rightarrow t_F = 93.74\ ℃$$

由 Antoine 方程，$\ln p^0 = A - \dfrac{B}{T+C}$

式中　p^0——在温度 T 时的饱和蒸气压，mmHg；

　　T——温度，K；

　　A,B,C——Antoine 常数。

(1 mmHg＝133 Pa)

t_F 下查得附表 4-2。

附表 4-2　　　　数据

类型	A	B	C
甲苯	16.013 7	3 096.52	−53.67
苯	15.900 8	2 788.51	−52.36

计算得此温度下苯(下标为 1)和甲苯(下标为 2)的饱和蒸气压分别为

$$p_1^0 = 1\ 134.97\ \text{mmHg}, \quad p_2^0 = 458.34\ \text{mmHg}$$

$$\alpha = \frac{p_1^0}{p_2^0} = 2.48$$

$$R_{min} = \frac{1}{\alpha-1} \times \left[\frac{x_D}{x_F} - \frac{\alpha(1-x_D)}{1-x_F} \right] = 1.34$$

$$R = 1.2 R_{min} = 1.2 \times 1.34 = 1.61$$

$$L = R \cdot D = 1.61 \times 2.84 = 4.57\ \text{kmol/h}$$

$$L' = L + q \cdot F = 4.57 + 1 \times 6.46 = 11.03\ \text{kmol/h}$$

$$V' = V = (R+1)D = (1.61+1) \times 2.84 = 7.41\ \text{kmol/h}$$

3. 物料衡算结果(附表 4-3 和附表 4-4)

附表 4-3　　　　物料衡算结果(a)

物料	流量/(kmol/h)	组成
进料 F	6.46	苯　0.440 2 甲苯 0.559 8
塔顶产品 D	2.84	苯　0.957 3 甲苯 0.042 7
塔底残液 W	3.62	苯　0.035 2 甲苯 0.964 8

附表 4-4　　　　　物料衡算结果（b）

物料	物流/(kmol/h)
精馏段上升蒸气量 V	7.41
提馏段上升蒸气量 V'	7.41
精馏段下降液体量 L	4.57
提馏段下降液体量 L'	11.03

4.塔板效率的计算

（1）精馏段

$$\mu_{L1} = \sum x_i \mu_i \approx 0.308 \text{ mPa} \cdot \text{s}$$

$$E_{T1} = 0.49(\alpha \mu_{L1})^{-0.245} = 0.49 \times (2.48 \times 0.308)^{-0.245} = 0.523$$

（2）提馏段

$$\mu_{L2} = \sum x_i \mu_i \approx 0.269 \text{ mPa} \cdot \text{s}$$

$$E_{T2} = 0.49(\alpha \mu_{L2})^{-0.245} = 0.49 \times (2.48 \times 0.269)^{-0.245} = 0.541$$

二、热量衡算

1.热流示意图（略）

2.加热介质的选择

选用饱和水蒸气,温度 140 ℃,工程大气压为 3.69 atm。

原因:水蒸气清洁易得,不易结垢,不腐蚀管道。饱和水蒸气冷凝放热值大,而水蒸气压力越高,冷凝温差越大,管程数相应减小,但蒸气压力不宜太高。

3.冷凝剂的选择

选冷却水,温度 25 ℃(沈阳市夏季最热月平均气温),温升 13 ℃。

原因:冷却水方便易得,清洁不易结垢,升温线越高,用水量越小,但平均温差小、传热面积大。综合考虑选择 13 ℃。

热量衡算:

由气液平衡数据,用内插法可求塔顶温度 t_D,塔底温度 t_W,进料温度 t_F。

$$\frac{95.73 - 95.0}{100.0 - 95.0} = \frac{t_D - 81.2}{80.2 - 81.2} \Rightarrow t_D = 81.05 \text{ ℃}$$

$$\frac{3.52 - 0}{8.8 - 0} = \frac{t_W - 110.6}{106.1 - 110.6} \Rightarrow t_W = 108.80 \text{ ℃}$$

$$t_F = 93.74 \text{℃}$$

t_D 温度下:$C_{p1} = 23.80 \text{ kcal/(kmol} \cdot \text{℃)} = 99.62 \text{ kJ/(kmol} \cdot \text{K)}$

　　　　　$C_{p2} = 29.98 \text{ kcal/(kmol} \cdot \text{℃)} = 125.49 \text{ kJ/(kmol} \cdot \text{K)}$

　　　　　$\overline{C}_{pD} = C_{p1} \cdot x_D + C_{p2}(1 - x_D)$

　　　　　　　　$= 99.62 \times 0.957\,3 + 125.49 \times 0.042\,7$

　　　　　　　　$= 100.72 \text{ kJ/(kmol} \cdot \text{K)}$

t_W 温度下:$C_{p1} = 25.10 \text{ kcal/(kmol} \cdot \text{℃)} = 105.06 \text{ kJ/(kmol} \cdot \text{K)}$

　　　　　$C_{p2} = 31.15 \text{ kcal/(kmol} \cdot \text{℃)} = 130.39 \text{ kJ/(kmol} \cdot \text{K)}$

　　　　　$\overline{C}_{pW} = C_{p1} \cdot x_W + C_{p2} \cdot (1 - x_W)$

　　　　　　　　$= 105.06 \times 0.035\,2 + 130.39 \times 0.964\,8$

　　　　　　　　$= 129.50 \text{ kJ/(kmol} \cdot \text{K)}$

t_D 温度下:$\gamma_1 = 94.9 \text{ kcal/kg} = 94.9 \times 4.186\,8 = 397.33 \text{ kJ/kg}$

$$\gamma_2 = 92.2 \text{ kcal/kg} = 92.2 \times 4.186\,8 = 386.02 \text{ kJ/kg}$$

$$\begin{aligned}\overline{\gamma} &= \gamma_1 \cdot x_D + \gamma_2 \cdot (1 - x_D) \\ &= 397.33 \times 0.957\,3 + 386.02 \times 0.042\,7 \\ &= 396.85 \text{ kJ/kg}\end{aligned}$$

塔顶
$$\begin{aligned}\overline{M}_D &= M_1 \cdot x_D + M_2 \cdot (1 - x_D) \\ &= 78.11 \times 0.957\,3 + 92.14 \times 0.042\,7 \\ &= 78.71 \text{ kg/kmol}\end{aligned}$$

(1) 0 ℃时塔顶气体上升的焓 Q_V

塔顶以 0 ℃为基准，

$$\begin{aligned}Q_V &= V \cdot \overline{C}_{pD} \cdot t_D + V \cdot \overline{\gamma} \cdot \overline{M}_D \\ &= 7.41 \times 100.72 \times 81.05 + 7.41 \times 396.85 \times 78.71 = 291\,949.70 \text{ kJ/h}\end{aligned}$$

(2) 回流液的焓 Q_R

注：此为泡点回流，据 t-x-y 图查得此时组成下的泡点 t_D，用内插法求得回流液组成下的 t'_D。

查得 $t'_D = 80.95$ ℃

此温度下：$C_{p1} = 99.62 \text{ kJ/(kmol·K)}$

$\quad\quad\quad\quad C_{p2} = 125.49 \text{ kJ/(kmol·K)}$

$$\begin{aligned}\overline{C}_p &= C_{p1} \cdot x_D + C_{p2} \cdot (1 - x_D) \\ &= 99.62 \times 0.957\,3 + 125.49 \times 0.042\,7 \\ &= 100.72 \text{ kJ/(kmol·K)}\end{aligned}$$

注：回流液组成与塔顶组成相同

$$Q_R = L \cdot \overline{C}_p \cdot t'_D = 4.57 \times 100.72 \times 80.95 = 37\,260.51 \text{ kJ/h}$$

(3) 塔顶馏出液的焓 Q_D

因馏出口与回流口组成一样，所以 $\overline{C}_p = 100.72 \text{ kJ/(kmol·K)}$

$$Q_D = D \cdot \overline{C}_p \cdot t_D = 2.84 \times 100.72 \times 81.05 = 23\,183.93 \text{ kJ/h}$$

(4) 冷凝器消耗的焓 Q_C

$$Q_C = Q_V - Q_R - Q_D = 291\,949.70 - 37\,260.51 - 23\,183.93 = 231\,505.26 \text{ kJ/h}$$

(5) 进料口的焓 Q_F

t_F 温度下：$C_{p1} = 24.60 \text{ kcal/(kmol·℃)} = 102.97 \text{ kJ/(kmol·K)}$

$\quad\quad\quad\quad C_{p2} = 30.60 \text{ kcal/(kmol·℃)} = 128.09 \text{ kJ/(kmol·K)}$

$$\begin{aligned}\overline{C}_p &= C_{p1} \cdot x_F + C_{p2} \cdot (1 - x_F) \\ &= 102.97 \times 0.440\,2 + 128.09 \times 0.559\,8 \\ &= 117.03 \text{ kJ/(kmol·K)}\end{aligned}$$

所以 $Q_F = F \cdot \overline{C}_p \cdot t_F = 6.46 \times 117.03 \times 93.74 = 70\,868.73 \text{ kJ/h}$

(6) 塔底残液的焓 Q_W

$$Q_W = W \cdot \overline{C}_p \cdot t_W = 3.62 \times 129.50 \times 108.80 = 51\,004.35 \text{ kJ/h}$$

(7) 再沸器 Q_B（全塔范围列衡算式）

塔釜热损失为 10%，则 $\eta = 0.9$

设再沸器损失能量 $Q_损 = 0.1Q_B$，$Q_B + Q_F = Q_C + Q_W + Q_损 + Q_D$

加热器实际热负荷

$$\begin{aligned}0.9Q_B &= Q_C + Q_W + Q_D - Q_F \\ &= 231\,505.26 + 51\,004.35 + 23\,183.93 - 70\,868.73\end{aligned}$$

$$=234\ 824.81$$
$$Q_B=260\ 916.46\ \text{kJ/h}$$

热量衡算表见附表 4-5。

附表 4-5　　　　　　　　　　热量衡算表

项目	进料	冷凝器	塔顶馏出液	塔底残液	再沸器
平均热容 kJ/(kmol·K)	117.03	—	100.72	129.50	—
热量 Q kJ/h	70 868.73	231 505.26	23 183.93	51 004.35	260 916.46

三、理论塔板数计算

精馏段操作线方程：$y_{n+1}=\dfrac{R}{R+1}\cdot x_n+\dfrac{1}{R+1}\cdot x_D$

$$b=\frac{x_D}{R+1}=\frac{0.957\ 3}{1.61+1}=0.367$$

由图解法求理论塔板数，据表 1 作平衡曲线（略）。

求得 $N_T=16$（不包括再沸器）

进料板 $N_F=8$

精馏段 7 块板

第 3 节　精馏塔主要尺寸计算

一、精馏塔设计的主要依据和条件

苯-甲苯在不同温度下的密度见附表 4-6。

附表 4-6　　苯-甲苯在不同温度下的密度

温度/℃	$\rho_{苯}/(\text{g}\cdot\text{mL}^{-1})$	$\rho_{甲苯}/(\text{g}\cdot\text{mL}^{-1})$
$t_D=81.05$	0.820	0.813
$t_W=108.80$	0.787	0.785
$t_F=93.74$	0.810	0.808

1. 塔顶条件下的流量和物性参数

$\overline{M}_D=M_1 x_D+M_2(1-x_D)=78.11\times0.957\ 3+92.14\times(1-0.957\ 3)=78.71\ \text{kg/kmol}$

$\dfrac{1}{\rho_{L1}}=\dfrac{x'_D}{\rho_1}+\dfrac{1-x'_D}{\rho_2}=\dfrac{0.95}{0.820}+\dfrac{0.05}{0.813}=1.220\ 0\ \text{mL/g}$

$\rho_{L1}=0.819\ 6\ \text{g/mL}=819.6\ \text{kg/m}^3$

$\rho_{V1}=\dfrac{p\overline{M}_D}{RT}=\dfrac{101.325\times78.71}{8.314\times(273.15+81.05)}=2.708\ \text{kg/m}^3$

$V_1=\overline{M}_D\cdot V=78.71\times7.41=583.24\ \text{kg/h}$

$L_1=\overline{M}_D\cdot L=78.71\times4.57=359.70\ \text{kg/h}$

2. 进料条件下的流量和物性参数

$\overline{M}_F=M_1 x_F+M_2(1-x_F)=78.11\times0.440\ 2+92.14\times(1-0.440\ 2)=85.96\ \text{kg/kmol}$

$\rho_{V2}=\dfrac{p\overline{M}_F}{RT}=\dfrac{101.325\times85.96}{8.314\times(273.15+93.74)}=2.855\ \text{kg/m}^3$

$$\frac{1}{\rho_{L2}}=\frac{x'_F}{\rho_1}+\frac{1-x'_F}{\rho_2}=\frac{0.4}{0.810}+\frac{0.6}{0.808}=1.2364 \text{ mL/g}$$

$$\rho_{L2}=0.8088 \text{ g/mL}=808.8 \text{ kg/m}^3$$

$$V'_2=V_2=\overline{M}_F \cdot V=85.96\times7.41=636.96 \text{ kg/h}$$

精馏段：$L_2=\overline{M}_F \cdot L=85.96\times4.57=392.84 \text{ kg/h}$

提馏段：$L'_2=\overline{M}_F \cdot L'=85.96\times11.03=948.14 \text{ kg/h}$

3. 塔底条件下的流量和物性参数

$$\overline{M}_W=M_1 x_W+M_2(1-x_W)=78.11\times0.0352+92.14\times(1-0.0352)=91.65 \text{ kg/kmol}$$

$$\rho_{V3}=\frac{p\overline{M}_W}{RT}=\frac{101.325\times91.65}{8.314\times(273.15+108.8)}=2.924 \text{ kg/m}^3$$

$$\frac{1}{\rho_{L3}}=\frac{x'_W}{\rho_1}+\frac{1-x'_W}{\rho_2}=\frac{0.03}{0.787}+\frac{0.97}{0.785}=1.2738 \text{ mL/g}$$

$$\rho_{L3}=0.7851 \text{ g/mL}=785.1 \text{ kg/m}^3$$

$$V'_3=\overline{M}_W \cdot V'=91.65\times7.41=679.12 \text{ kg/h}$$

$$L'_3=\overline{M}_W \cdot L'=91.65\times11.03=1010.90 \text{ kg/h}$$

4. 精馏段的流量和物性参数

$$\rho_V=\frac{\rho_{V1}+\rho_{V2}}{2}=\frac{2.708+2.855}{2}=2.782 \text{ kg/m}^3$$

$$\rho_L=\frac{\rho_{L1}+\rho_{L2}}{2}=\frac{819.6+808.8}{2}=814.2 \text{ kg/m}^3$$

$$V=\frac{V_1+V_2}{2}=\frac{583.24+636.96}{2}=610.1 \text{ kg/h}$$

$$L=\frac{L_1+L_2}{2}=\frac{359.70+392.84}{2}=376.27 \text{ kg/h}$$

5. 提馏段的流量和物性参数

$$\rho_V=\frac{\rho_{V2}+\rho_{V3}}{2}=\frac{2.855+2.924}{2}=2.890 \text{ kg/m}^3$$

$$\rho_L=\frac{\rho_{L2}+\rho_{L3}}{2}=\frac{808.8+785.1}{2}=797.0 \text{ kg/m}^3$$

$$V=\frac{V'_2+V'_3}{2}=\frac{636.96+679.12}{2}=658.04 \text{ kg/h}$$

$$L=\frac{L'_2+L'_3}{2}=\frac{948.14+1010.90}{2}=979.52 \text{ kg/h}$$

6. 体积流量

塔顶：$V_{s1}=\dfrac{V_1}{\rho_{V1}}=\dfrac{583.24}{2.708\times3600}=0.05983 \text{ m}^3/\text{s}$

进料：$V_{s2}=\dfrac{V'_2}{\rho_{V2}}=\dfrac{636.96}{2.855\times3600}=0.06197 \text{ m}^3/\text{s}$

塔底：$V_{s3}=\dfrac{V'_3}{\rho_{V3}}=\dfrac{679.12}{2.924\times3600}=0.06452 \text{ m}^3/\text{s}$

精馏段：$\overline{V}_s=\dfrac{V_{s1}+V_{s2}}{2}=\dfrac{0.05983+0.06197}{2}=0.06090 \text{ m}^3/\text{s}$

提馏段：$\overline{V}'_s=\dfrac{V_{s2}+V_{s3}}{2}=\dfrac{0.06197+0.06452}{2}=0.06325 \text{ m}^3/\text{s}$

二、塔径设计计算

1.填料选择

填料塔内所使用的填料应根据生产工艺技术的要求进行选择,并对填料的品种、材质及尺寸进行综合考虑,应尽量选用技术资料齐全,使用性能成熟的新型塔填料。对性能相近的填料,应根据它们的特点进行技术、经济评价,使所选用的填料既能满足生产要求,又能使设备的投资和操作费用最低或较低。

填料是填料塔中气液接触的基本构件,其性能的优劣是决定填料塔操作性能的主要因素,因此,塔填料的选择是填料塔设计的重要环节。

鲍尔环由于环壁开孔,大大提高了环内空间及环内表面的利用率,气流阻力小,液体分布均匀,与拉西环相比,其通量可增加 50%以上,传质效率提高 30%左右,鲍尔环是目前应用较广的填料之一。

综合以上因素及鲍尔环的优点,且由于 DN38 鲍尔环各项参数齐全,故本次选用 DN38 鲍尔环为塔填料。填料尺寸性能表见附表 4-7。

附表 4-7　　　　　　填料尺寸性能表

填料名称	外径×高×厚 $(d×H×\delta)$ $mm×mm×mm$	堆积个数 n 个/m^3	堆积密度 ρ_D kg/m^3	比表面 a m^2/m^3	空隙率 ε/%
金属鲍尔环	38×38×0.8	13 000	365	129	0.945

2.精馏段

$$x=\frac{L}{V}\cdot\left(\frac{\rho_V}{\rho_L}\right)^{\frac{1}{2}}=\frac{376.27}{610.1}\cdot\left(\frac{2.782}{814.2}\right)^{\frac{1}{2}}=0.036\ 1$$

$$y=0.199$$

甲苯黏度见附表 4-8。

附表 4-8　　　甲苯黏度

温度/℃	黏度/(mPa·s)
$t_D=81.05$	0.330
$t_W=108.80$	0.251
$t_F=93.74$	0.286

注:由于平均黏度在数值上与甲苯黏度近似相等,且液相中甲苯居多,故本次采用甲苯黏度代替混合物的平均黏度。

$$\mu_L=\frac{0.330+0.286}{2}=0.308\ mPa\cdot s$$

水的密度见附表 4-9。

附表 4-9　　　　　　　　水的密度

温度/℃	密度/(kg·m^{-3})	温度/℃	密度/(kg·m^{-3})
80	971.8	100	958.4
90	965.3	110	951.0

$$\bar{t}=\frac{81.05+93.74}{2}=87.40\ ℃$$

内插法:$\frac{90-80}{965.3-971.8}=\frac{87.40-80}{\rho_{水}-971.8}\Rightarrow\rho_{水}=966.99\ kg/m^3$

又因 $\Psi=\frac{\rho_L}{\rho_{水}}=\frac{814.2}{966.99}=0.842$

查得 $\varphi_F=117\ m^{-1}$(此为泛点填料因子)

由 $y = \dfrac{\varphi_F \cdot \Psi \cdot \rho_V \cdot \mu_L^{0.2}}{g \cdot \rho_L} \cdot u_F^2 = 0.199$

得 $u_F = \sqrt{\dfrac{0.199 \times 9.8 \times 814.2}{117 \times 0.842 \times 2.782 \times 0.308^{0.2}}} = 2.709 \ \text{m/s}$

取 $\dfrac{u}{u_F} = 0.5 \Rightarrow u = 1.355 \ \text{m/s}$

$D = \sqrt{\dfrac{4V_s}{\pi \cdot u}} = \sqrt{\dfrac{4 \times 0.060\ 90}{3.14 \times 1.355}} = 0.24 \ \text{m}$

圆整后 $D = 300 \ \text{mm}$。

式中 u_F——泛点气速, m/s;

   g——重力加速度, $9.8 \ \text{m/s}^2$;

   ρ_V、ρ_L——气相、液相密度, kg/m^3;

   μ_L——液体黏度, mPa·s;

   φ_F——泛点填料因子, m^{-1};

   Ψ——液体密度校正系数。

3. 提馏段

$$x = \dfrac{L}{V} \times \left(\dfrac{\rho_V}{\rho_L}\right)^{\frac{1}{2}} = \dfrac{979.52}{658.04} \times \left(\dfrac{2.890}{797.0}\right)^{\frac{1}{2}} = 0.089\ 6$$

$$y = 0.145$$

$$\mu_L = \dfrac{0.251 + 0.286}{2} = 0.269 \ \text{mPa·s}$$

$$\bar{t} = \dfrac{108.80 + 93.74}{2} = 101.27 \ \text{℃}$$

内插法: $\dfrac{110 - 100}{951.0 - 958.4} = \dfrac{101.27 - 100}{\rho_{\text{水}} - 958.4} \Rightarrow \rho_{\text{水}} = 957.46 \ \text{kg/m}^3$

$\Psi = \dfrac{\rho_L}{\rho_{\text{水}}} = \dfrac{797.0}{957.46} = 0.832$

查得 $\varphi_F = 117 \ \text{m}^{-1}$

由 $y = 0.145 = \dfrac{\varphi_F \cdot \Psi \cdot \rho_V \cdot \mu_L^{0.2}}{g \cdot \rho_L} \cdot u_F^2$

得 $u_F = \sqrt{\dfrac{0.145 \times 9.8 \times 797.0}{117 \times 0.832 \times 2.890 \times 0.269^{0.2}}} = 2.289 \ \text{m/s}$

取 $\dfrac{u}{u_F} = 0.5 \Rightarrow u = 1.145 \ \text{m/s}$

$$D = \sqrt{\dfrac{4V_s}{\pi \cdot u}} = \sqrt{\dfrac{4 \times 0.063\ 25}{3.14 \times 1.145}} = 0.27 \ \text{m}$$

圆整后 $D = 300 \ \text{mm}$。

所以取全塔塔径 300 mm。

注:尽量使两段求得的 D 相等。若不等,可通过调整 u/u_F 的取值,使两段相等,且尽量圆整成小塔径,以节省材料;若无法使两段 D 相等,则将 D 圆整为数值较大的 D。

三、填料层高度计算

1.等板高度设计计算

(1)精馏段

因为此温度下，$\sigma_{L2} \approx \sigma_{L1}$，且液相中甲苯较多，故取甲苯 σ_L 作近似计算。

$$\ln(HETP) = h - 1.292 \ln\sigma + 1.47 \ln\mu_L$$

查得 $h = 7.0779$

$\sigma = 21.0 \text{ mN/m} = 21 \times 10^{-3} \text{ N/m}$

$\mu_L = 0.308 \text{mPa} \cdot \text{s} = 0.308 \times 10^{-3} \text{ Pa} \cdot \text{s}$

代入上式，解得　$HETP = 1.202$

$$Z_1 = HETP \cdot N_{T1} = 1.202 \times 7 = 8.414 \text{ m}$$

(2)提馏段

$\sigma_{甲苯} = 19.7 \text{ mN/m} = 19.7 \times 10^{-3} \text{ N/m}$

$\mu_L = 0.269 \text{ mPa} \cdot \text{s} = 0.269 \times 10^{-3} \text{ Pa} \cdot \text{s}$

解得　$HETP = 1.070$

$Z_2 = HETP \cdot N_{T2} = 1.070 \times 9 = 9.628 \text{ m}$

$Z = Z_1 + Z_2 = 18.042 \text{ m}$

采用上述方法计算出填料层高度后，还应留出一定安全系数。根据设计经验，填料层的设计高度一般为 $Z' = (1.2 \sim 1.5)Z$，本次取 $Z' = 1.2Z$。

Z'——设计时的填料高度，m；

Z——工艺计算得到的填料高度，m；

$Z' = 1.2Z = 21.650 \text{ m}$

注：填料层高度的计算，根据所选填料的不同，也可采用其他方法。如选择规整填料，可采用动能因子法，也可采用传质单元数法进行计算。

2.填料层压降计算

(1)精馏段

由上述计算知 $\rho_L = 814.2 \text{ kg/m}^3$，$\rho_V = 2.782 \text{ kg/m}^3$，$\mu_L = 0.308 \text{ mPa} \cdot \text{s}$，$\Psi = 0.842$，$u = 1.355 \text{ m/s}$

查得 $\varphi_p = 114 \text{ m}^{-1}$（压降填料因子）

$$y = \frac{u^2 \times \Psi \times \varphi_p \times \rho_V \times \mu_L^{0.2}}{g \cdot \rho_L} = \frac{1.355^2 \times 0.842 \times 114 \times 2.782 \times 0.308^{0.2}}{9.8 \times 814.2} = 0.0486$$

u——空塔气速，m/s；

由前计算 $x = 0.0361$，查埃克特通用关联图

$$\frac{\Delta p}{Z} = 36 \times 9.81 \text{ Pa/m}$$

$$\Delta p_{精} = \frac{\Delta p}{Z} \times Z_1 = 36 \times 9.81 \times 8.414 = 2.97 \text{ kPa}$$

(2)提馏段

由上述计算可知：$\rho_V = 2.890 \text{ kg/m}^3$，$\rho_L = 797.0 \text{ kg/m}^3$，$\mu_L = 0.269 \text{mPa} \cdot \text{s}$，$\Psi = 0.832$，$\varphi_p = 114 \text{ m}^{-1}$，$u = 1.145 \text{ m/s}$

$$y = \frac{u^2 \cdot \Psi \cdot \varphi_p \cdot \rho_V \cdot \mu_L^{0.2}}{g \cdot \rho_L} = \frac{1.145^2 \times 0.832 \times 114 \times 2.890 \times 0.269^{0.2}}{9.8 \times 797.0} = 0.0354$$

$x = 0.0894$

查图知：$\dfrac{\Delta p}{Z} = 28 \times 9.81 \text{ Pa/m}$

$$\Delta p_{提} = \frac{\Delta p}{Z} \times Z_2 = 28 \times 9.81 \times 9.628 = 2.64 \text{ kPa}$$

全塔填料层总压降：

$$\Delta p = \Delta p_{精} + \Delta p_{提} = 2.97 + 2.64 = 5.61 \text{ kPa}$$

参数表见附表 4-10。

附表 4-10 参数表

项目	等板高度/m	压降 $\Delta p / Z$/(Pa·m^{-1})	总压降/kPa	填料层高度/m
精馏段	1.202	36×9.81	2.97	8.414
提馏段	1.070	28×9.81	2.64	9.628
全塔	—	—	5.61	18.042

第3章 附属设备及主要附件的选型计算

第1节 冷凝器

本设计冷凝器选用重力回流直立或管壳式冷凝器。

原因：因本设计冷凝器与被冷凝气体走管间，对于蒸馏塔的冷凝器，一般选管壳式冷凝器或空冷器，螺旋板式换热器，以便及时排出冷凝液。

冷凝水循环与气体之间方向相反，当逆流式流入冷凝器时，其液膜减少，传热系数增大，利于节省面积，减少材料费用。

沈阳最热月平均气温 $t = 25$ ℃。

冷却剂用深井水，冷却水出口温度一般不超过 40 ℃，否则易结垢，取 $t_2 = 38$ ℃。

泡点回流温度 $t'_D = 80.95$ ℃，$t_D = 81.05$ ℃

1. 计算冷却水流量

$$G_C = \frac{Q_C}{C_p \times (t_2 - t_1)} = \frac{231\,505.26}{1 \times (38-35)} = 17\,808.10 \text{ kg/h}$$

2. 冷凝器的计算与选型

冷凝器选择列管式，逆流方式

$$\Delta t_m = \frac{(t'_D - t_1) - (t_D - t_2)}{\ln[(t'_D - t_1)/(t_D - t_2)]} = 49.22 \text{ ℃}$$

$$K = 400 \text{ kcal/(m}^2 \cdot \text{h} \cdot \text{℃)} = 1\,680 \text{ kJ/(m}^2 \cdot \text{h} \cdot \text{℃)}$$

$$Q_C = KA\Delta t_m$$

$$A = \frac{Q_C}{K \cdot \Delta t_m} = \frac{231\,505.26}{1\,680 \times 49.22} = 2.80 \text{ m}^2$$

操作弹性为 1.2， $A' = 1.2A = 3.36 \text{ m}^2$

相关数据见附表 4-11。

附表 4-11   数据

公称直径/mm	管程数	管子数量	管长/mm	换热面积/m²	公称压力/MPa
273	Ⅱ	32	1 500	$\dfrac{3}{3.52}$	25

标准图号　JB1145-71-2-39　设备型号　G273Ⅱ-25-3

第2节　再沸器

选用卧式 U 形管换热器,经处理后,放在塔釜内,蒸气选择 3.69 atm、140 ℃的水蒸气,传热系数 K 取 600 kcal/(m²·h·℃)＝2 520 kJ/(m²·h·℃),γ＝513 kcal/kg

1. 间接加热蒸气量

$$G_B=\frac{Q_B}{\gamma}=\frac{260\ 916.46}{513\times4.186\ 8}=121.48\ \text{kg/h}$$

2. 再沸器加热面积

t_{w1}＝108.80 ℃为再沸器液体入口温度;

t_{w2}＝108.80 ℃为回流汽化为上升蒸汽时的温度;

t_1＝140 ℃为加热蒸汽温度;

t_2＝140 ℃为加热蒸汽冷凝为液体的温度。

用潜热加热可节省蒸汽量从而减少热量损失

$\Delta t_1=t_1-t_{w1}=140-108.80=31.20$ ℃

$\Delta t_2=t_2-t_{w2}=140-108.80=31.20$ ℃

$\Delta t_m=31.20$ ℃

$$A=\frac{Q_B}{k\Delta t_m}=\frac{260\ 916.46}{2\ 520\times31.20}=3.32\ \text{m}^2$$

第3节　塔内其他构件

一、接管的计算与选择

1. 塔顶蒸气管

从塔顶至冷凝器的蒸气导管,尺寸必须适合,以免产生过大压降,特别在减压过程中,过大压降会影响塔的真空度。

操作压力为常压,蒸气速度 W_P＝12～20 m/s,本次设计取 W_P＝15 m/s。

$$d_P=\sqrt{\frac{4V_1}{3\ 600\pi W_P\rho_V}}=\sqrt{\frac{4\times583.24}{3\ 600\times3.14\times15\times2.708}}=0.071\ \text{m}$$

圆整后 d_P＝76 mm。

塔顶蒸气管参数表见附表 4-12。

附表 4-12   塔顶蒸气管参数表

内径 $d_2\times s_2$	外径 $d_1\times s_1$	R	H_1	H_2	内管重/(kg/m)
76×4	133×4	225	120	157	7.10

2. 回流管

冷凝器安装在塔顶时,回流液在管道中的流速一般不能过高,否则冷凝器高度也要相应提高,对于重力回流,一般取速度 W_R 为 0.2~0.5 m/s,本次设计取 W_R＝0.5 m/s。

$$d_R = \sqrt{\frac{4L_1}{3\ 600\pi W_R \rho_L}} = \sqrt{\frac{4 \times 359.70}{3\ 600 \times 3.14 \times 0.5 \times 819.6}} = 0.018 \text{ m}$$

圆整后 d_R＝18 mm。

回流管参数表见附表 4-13。

附表 4-13   回流管参数表

内管 $d_2 \times s_2$	外管 $d_1 \times s_1$	R	H_1	H_2	内管重/(kg/m)
18×3	57×3.5	50	120	150	1.11

3. 进料管

本次加料选用泵加料,所以由泵输送时 W_F 可取 1.5~2.5 m/s,本次设计取 W_F＝2.0 m/s。

$$d_F = \sqrt{\frac{4F'}{3\ 600\pi W_F \rho_{L2}}} = \sqrt{\frac{4 \times 555.56}{3\ 600 \times 3.14 \times 2.0 \times 808.8}} = 0.011 \text{ m}$$

圆整后 d_F＝18 mm。

进料管参数表见附表 4-14。

附表 4-14   进料管参数表

内管 $d_2 \times s_2$	外管 $d_1 \times s_1$	R	H_1	H_2	内管重/(kg/m)
18×3	57×3.5	50	120	150	1.11

4. 塔底出料管

塔釜流出液体的速度 W_W 一般可取 0.5~1.0 m/s,本次设计取 W_W＝0.6 m/s。

$$d_W = \sqrt{\frac{4W'}{3\ 600\pi W_W \rho_L}} = \sqrt{\frac{4 \times 331.77}{3\ 600 \times 3.14 \times 0.6 \times 785.1}} = 0.016 \text{ m}$$

其中,$W' = W \cdot \overline{M}_W = 3.62 \times 91.65 = 331.77$ kg/h。

圆整后 d_W＝18 mm。

塔釜出料管参数表见附表 4-15。

附表 4-15   塔釜出料管参数表

内管 $d_2 \times s_2$	外管 $d_1 \times s_1$	R	H_1	H_2	内管重/(kg/m)
18×3	57×3.5	50	120	150	1.11

二、液体分布器

采用莲蓬头式喷淋器。选此装置的目的是能使填料表面很好地润湿,结构简单,制造和维修方便,喷洒比较均匀,安装简单。

1. 回流液分布器

流量系数 φ 取 0.82~0.85,本次设计 φ 取 0.82,推动力液柱高度 H 取 0.06 m。

则小孔中液体流速 $W = \varphi \sqrt{2gH} = 0.82 \times \sqrt{2 \times 9.8 \times 0.06} = 0.89$ m/s

小孔输液能力 $Q = \dfrac{L_1}{\rho_{L1} \times 3\ 600} = \dfrac{359.70}{819.6 \times 3\ 600} = 1.22 \times 10^{-4}$ m²/s

由 $Q = \varphi f W$ 得

小孔总面积 $f = \dfrac{Q}{\varphi W} = \dfrac{1.22 \times 10^{-4}}{0.82 \times 0.89} = 1.67 \times 10^{-4}$ m²

所以小孔数　$n=\dfrac{f\cdot W}{\dfrac{\pi}{4}d^2}=\dfrac{1.67\times10^{-4}\times0.89}{\dfrac{3.14}{4}\times(4\times10^{-3})^2}=11.83$，即为 12 个孔。

式中　d——小孔直径，一般取 4~10 m，视介质污洁而异，本次设计取 4 mm。

喷洒器球面中心到填料表面距离计算

$$h=r\cot\alpha+\frac{gr^2}{2W^2\sin^2\alpha}$$

式中　r——喷洒圆半径，$r=\dfrac{D}{2}-(75\sim100)=\dfrac{300}{2}-75=75$ mm $=0.075$ m

　　　α——喷洒角，即小孔中心线与垂直轴线间的夹角，$\alpha\leqslant40°$，取 $\alpha=40°$

$$h=0.075\cot40°+\frac{9.8\times0.075^2}{2\times0.89^2\sin^240°}=0.174 \text{ m}=174 \text{ mm}$$

2.进料液分布器

采用莲蓬头

由前知 $W=0.89$ m/s

$$Q=\frac{F'}{\rho_{L2}\times3\,600}=\frac{555.56}{808.8\times3\,600}=1.91\times10^{-4} \text{ m}^2/\text{s}$$

取 $d=4$ mm，$\varphi=0.82$

$$f=\frac{Q}{\varphi W}=\frac{1.91\times10^{-4}}{0.82\times0.89}=2.62\times10^{-4} \text{ m}^2$$

$$n=\frac{f}{\dfrac{\pi}{4}d^2}=\frac{2.62\times10^{-4}}{\dfrac{3.14}{4}\times(4\times10^{-3})^2}=20.86\approx21(\text{孔})$$

取 $\alpha=40°$

$$h=r\cot\alpha+\frac{gr^2}{2W^2\sin^2\alpha}=0.075\times\cot40°+\frac{9.8\times0.075^2}{2\times0.89^2\times(\sin40°)^2}=0.174 \text{ m}=174 \text{ mm}$$

莲蓬头直径的范围为 $\left(y_3\sim\dfrac{1}{5}D\right)$，取 $\dfrac{1}{5}D=60$ mm

三、除沫器

除沫器用于分离塔顶出口气体中所夹带的液滴，以降低有价值的产品的损失，并改善塔后动力设备的操作。近年来，在国内石油化工设备中，广泛应用丝网除沫器。除沫器的直径取决于气体量及选定的气体速度。影响气体速度的因素很多，如雾沫夹带量，气、液的密度，气体的表面张力和黏度以及丝网的比表面积等。其中，气体和液体的密度对气体速度的影响最大。

气速计算：

$$W_K=K\sqrt{\frac{\rho_{L1}-\rho_{V1}}{\rho_{V1}}}$$

式中　K——常数，取 0.107；

　　　ρ_{L1}，ρ_{V1}——塔顶气体和液体密度，kg/m³。

$$W_K=0.107\times\sqrt{\frac{819.6-2.708}{2.708}}=1.86 \text{ m/s}$$

除沫器直径计算：

$$D=\sqrt{\frac{4V}{\pi W_K}}=\sqrt{\frac{4\times0.059\,8}{3.14\times1.86}}=0.202 \text{ m}$$

式中　V——气体处理量，m³/s。

$$V = \frac{V_1}{\rho_{V1} \, 3\,600} = \frac{583.24}{2.708 \times 3\,600} = 0.059\,8 \text{ m}^3/\text{m}$$

四、液体再分布器

液体在乱堆填料层内向下流动时,有偏向塔壁流动的现象,偏流往往造成塔中心的填料不被润湿。塔径越小,对应于单位塔截面积的周边越长,这种现象越严重。为将流动塔壁处的液体重新汇集并引向塔中央区域,可在填料层内每隔一定高度设置液体再分布装置,每段填料层的高度因填料种类而定,对鲍尔环,可为塔径的 5~10 倍,但通常不超过 6 m。

此次设计填料层的高度选塔径的 10 倍,故每 0.3×10=3 m 处装一再分布器。

选取截锥式再分布器,因其适用于直径 0.8 m 以下的小塔。

五、填料支撑板的选择

本次设计选用分块式气体喷射式支撑板。

这种支撑板可提供 100% 的自由截面,波形结构承载能力好,空隙率大,宜于 ϕ1 200 mm 以下的塔。在波形内增设加强板,可提高支撑板的刚度。它的最大液体负荷为 145 m³/(m²·h),最大承载能力为 40 kPa,由于本塔较高,故选此板。

主要设计参考附表 4-16 和附表 4-17。

附表 4-16　分块式气体喷射式支撑板的设计参考数据

塔径 D/mm	板外径 D_1/mm	分块数	近似重量/N
300	294	2	28

附表 4-17　支承圈尺寸(采用不锈钢)

塔径/mm	圈外径 D_1/mm	圈内径 D_2/mm	厚度/mm	重量/N
300	297	257	3	41.2

六、塔底设计

料液在釜内停留 15 min,装料系统取 0.5

塔底高(h):塔径(d)=2:1

塔底料液量

$$L_W = V_{s提} = 0.063\,25 \text{ m}^3/\text{s}$$

塔底体积

$$V_W = \frac{L_W}{0.5} = \frac{0.063\,25}{0.5} = 0.127 \text{ m}^3$$

因为 $V_W = \frac{\pi}{4} d^2 h, \frac{h}{d} = 2$,所以

$$V_W = \frac{1}{2} \pi d^3$$

$$d = \sqrt[3]{\frac{2V_W}{\pi}} = \sqrt[3]{\frac{2 \times 0.127}{3.14}} = 0.432 \text{ m}$$

$$h = 2 \times d = 2 \times 0.432 = 0.864 \text{ m}$$

七、塔的顶部空间高度

塔的顶部空间高度是指塔顶第一层塔盘到塔顶封头切线的距离。为了减少塔顶出口气体中夹带的液体量,顶部空间一般取 1.2~1.5 m,本设计取 1.2 m。

第 4 节　精馏塔高度计算

精馏塔各部分高度列表见附表 4-18。

附表 4-18　　　　　　　　　　精馏塔各部分高度列表　　　　　　　　　　mm

塔顶	塔釜	鞍式支座	填料层高度	塔釜法兰高	喷淋高度	塔顶接管高度	喷夹弯曲半径	进料口喷头上方高度
1 200	866	300	21 647	200	159	150	90	200

$$H = 1\ 200 + 866 + 300 + 21\ 647 + 200 + 159 + 150 + 90 + 200 = 24\ 812\ \text{mm}$$

不同设计条件下设计结果比较见附表 4-19。

附表 4-19　　　　　　　　　　不同设计条件下设计结果比较

类型	F(万吨)	R	q	x_D	x_F	x_W	N_T	塔径/m	塔高/m
F 不同	15	3.155	1	95%	25%	0.3%	22	1.8	13.486
	20	3.155	1	95%	25%	0.3%	22	2.1	14.060
	25	3.155	1	95%	25%	0.3%	22	2.2	14.480
	30	3.155	1	95%	25%	0.3%	22	2.5	16.000
R 不同	30	2.60	1	97%	29%	0.3%	23	2.036	13.000
	30	3.107	1	97%	29%	0.3%	22	2.360	12.541
	30	3.31	1	97%	29%	0.3%	19	2.377	12.300
	30	3.59	1	97%	29%	0.3%	19	2.700	12.210
	30	3.82	1	97%	29%	0.3%	19	2.650	10.175
	30	4.06	1	97%	29%	0.3%	18	3.000	9.595
x_F 不同	30	2.847	1	98%	35%	0.3%	21	3.80	16.712
	30	3.186	1	98%	30%	0.3%	21	3.80	17.15
	30	3.654	1	98%	28%	0.3%	22	3.90	17.693
	30	5.249	1	98%	20%	0.3%	30	4.40	19.333
q 不同	20	2.11	1.0	98%	42%	1.0%	18	2.5	10.985
	20	2.883	0.8	98%	42%	1.0%	18	2.8	12.982
	20	7	0.5	98%	42%	1.0%	19	2.5	13.064
	20	7.2	0.3	98%	42%	1.0%	20	2.5	13.954
	20	3.944	0	98%	42%	1.0%	22	2.5	14.355

化工原理课程设计任务书 5

第 1 章　管壳式热交换器

设计任务:某化工厂生产中需要一个能将 $40^{\#}$ 煤油 6 000 kg/h 从 140℃冷却到 40℃的管壳式换热器。冷却水走管侧,入口温度 30 ℃,出口温度 40 ℃。另外,管侧允许压力损失为 4.9×10^4 Pa,壳侧允许压力损失为 9.8×10^3 Pa。

一、初算传热面积

查煤油平均温度下的热容 $c_p = 2.22$ kJ/(kg·℃),水在平均温度下的热容 $c_p = 4.08$ kJ/(kg·℃),则传热量

$$Q = Wc_p(t_1 - t_2) = 6\ 000 \times 2.22 \times (140 - 40) = 1.33 \times 10^6 \text{ kJ/h}$$

冷却水量　$W = \dfrac{Q}{c_p(t_2 - t_1)} = \dfrac{1.33 \times 10^6}{4.08 \times (40 - 30)} = 32\ 598 \text{ kg/h} = 9.055 \text{ kg/s}$

对数平均温差　$\Delta t_m = \dfrac{\Delta t_1 - \Delta t_2}{\ln(\Delta t_1 / \Delta t_2)} = \dfrac{(140 - 40) - (40 - 30)}{\ln\left(\dfrac{140 - 40}{40 - 30}\right)} = 39 \text{ ℃(以逆流计)}$

假定冷却器为壳侧单程、管侧 6 程的 1-6 型换热器,则

$$E_A = \frac{t_2 - t_1}{T_1 - t_1} = \frac{40 - 30}{140 - 30} = 0.091$$

$$R_A = \frac{T_1 - t_2}{t_2 - t_1} = \frac{140 - 40}{40 - 30} = 10.0$$

查附图 5-1,求温差修正系数 F_t。由于该点难以从图上读取,需进一步计算 E_B、R_B 以代替 E_A、R_A

$$E_B = R_A E_A = 10.0 \times 0.091 = 0.91$$

$$R_B = \frac{1}{R_A} = 0.1$$

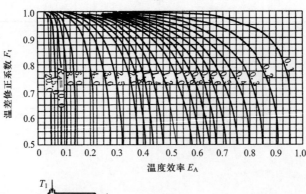

附图 5-1　壳侧单程、管侧 2 程或 $2n$ 程的换热器温差修正系数

从附图 5-1 读得 $F_t = 0.81$,所以

$$\Delta t_m = 39 \times 0.81 = 31.6 \ ℃$$

参看表 4-6,假定总传热系数

$$K = 200 \ \text{kcal}/(\text{m}^2 \cdot \text{h} \cdot ℃) = 232.6 \ \text{W}/(\text{m}^2 \cdot ℃)$$

则所需传热面积

$$A = \frac{Q}{K \Delta t_m} = \frac{1.33 \times 10^6 / 3.6}{232.6 \times 31.6} = 50.26 \ \text{m}^2$$

取安全系数 1.04,则

$$A = 52.5 \ \text{m}^2$$

二、计算换热器的概略尺寸

传热管采用铝砷高强度黄铜管,$d_o = 25$ mm,$d_i = 20.8$ mm,管长 l 取 5 m,则需要管子根数 N_t:

$$N_t = \frac{A}{\pi d_o l} = \frac{52.5}{3.14 \times 0.025 \times 5} = 134$$

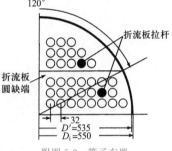

为便于布管,一般取管程的倍数,即 $N_t = 132$ 根。管子布置如附图 5-2 所示,壳内径 $D_i = 0.55$ m,$D' = 0.535$ m。管间距 $P_t = 32$ mm。正方形排列,折流板采用缺 25% 的圆缺型折流板,则错流流过管排数 $N_c = 9$。

中心线或中心线附近管子根数 $n_c = 16$。

每块折流板上传热管孔 108 个,固定拉杆孔 4 个,因此 $n_B = 112$。

折流板上圆缺部分管排数 $N_w = 3$。

折流板上圆缺部分管子根数 22,加上两根固定拉杆,$n_w = 24$。

若使折流板数 $N_B = 32$,则折流板间隔:

附图 5-2 管子布置

$$h = \frac{l}{N_B + 1} = \frac{5}{32 + 1} = 0.15 \ \text{m}$$

不设旁流挡板,$N_B = 0$。

三、流体定性温度(或中心温度)的确定

流体定性温度可取流体出入口温度的平均值,为更准确起见,可利用附图 5-3 进行计算。

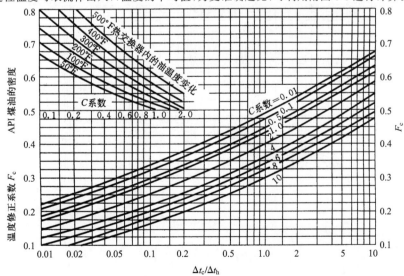

附图 5-3 流体的中心温度

附图 5-3 中:

$$C = \frac{K_h - K_c}{K_c}$$

式中 K_h——高温端总传热系数;

       K_c——低温端总传热系数。

对于煤油 $C = 0.25$

高温端温差:$\Delta t_h = T_1 - t_2 = 140 - 40 = 100$ ℃

低温端温差:$\Delta t_c = T_2 - t_1 = 40 - 30 = 10$ ℃

$$\frac{\Delta t_c}{\Delta t_h} = \frac{10}{100} = 0.1$$

查图 3,温度修正系数 $F_c = 0.31$,则

热流体定性温度:$T_h = T_2 + F_c(T_1 - T_2) = 71$ ℃

冷流体定性温度:$t_c = t_1 + F_c(t_2 - t_1) = 33.1$ ℃

四、总传热系数 K 的计算

1. 管侧传热膜系数 α_i

每程管侧的流道面积

$$A_i = \frac{\pi}{4} d_i^2 \cdot \frac{N_t}{n_t} = \frac{\pi}{4} \times 0.0208^2 \times \frac{132}{6} = 0.00747 \ \text{m}^2$$

所以管内冷却水的质量流速:

$$G_i = \frac{W}{A_i} = \frac{32598}{0.00747} = 4.36 \times 10^6 [\text{kg}/(\text{h} \cdot \text{m}^2)] = 1212 \ \text{kg}/(\text{s} \cdot \text{m}^2)$$

查定性温度 $t_c = 33.1$ ℃时水的物性:

$$\mu = 75.23 \times 10^{-5} \text{Pa} \cdot \text{s} = 75.23 \times 10^{-5} \ \text{kg}/(\text{s} \cdot \text{m})$$

$$c_p = 4.174 \ \text{kJ}/(\text{kg} \cdot \text{℃})$$

$$Re_i = \frac{d_i G_i}{\mu} = \frac{0.0208 \times 1212}{75.23 \times 10^{-5}} = 33612$$

查附图 5-4 得 $j_H = 100$。

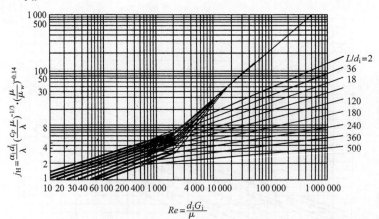

附图 5-4 管侧传热膜系数

又

$$\frac{\alpha_i d_i}{\lambda} = j_H \left(\frac{c_p \mu}{\lambda}\right)^{1/3} \left(\frac{\mu}{\mu_w}\right)^{0.14}$$

假定 $\left(\dfrac{\mu}{\mu_w}\right)^{0.14}=1.0$，则

$$\alpha_i=\frac{j_H\lambda}{d_i}\left(\frac{c_p\mu}{\lambda}\right)^{1/3}=\frac{100\times0.62}{0.020\,8}\left(\frac{4.174\times10^3\times75.23\times10^{-5}}{0.62}\right)^{1/3}=5\,119\ \text{W/(m}^2\cdot\text{℃)}$$

2. 壳侧传热膜系数 α_o

热交换器中心线或距中心线最近的管排上错流流动的最大流道面积：

$$S_c=(D'-n_cd_o)h=(0.535-16\times0.025)\times0.15=0.020\,25\ \text{m}^2$$

热交换器中心线或距中心线最近管排上错流流动的最小质量流速：

$$G_c=\frac{W_h}{S_c}=\frac{6\,000}{0.020\,25}=296\,296\ \text{kg/(h}\cdot\text{m}^2)=82.3\ \text{kg/(s}\cdot\text{m}^2)$$

查得定性温度下，煤油的物性：

$$\mu=0.91\times10^{-3}/(\text{Pa}\cdot\text{s})=0.91\times10^{-3}\ \text{kg/(s}\cdot\text{m})$$

$$\lambda=0.18\ \text{W/(m}\cdot\text{℃)}$$

$$c_p=2.0\ \text{kJ/(kg}\cdot\text{℃)}$$

正方形排列时管群的当量直径用式(4-7)计算：

$$d_e=\frac{4\left(0.032^2-\dfrac{\pi}{4}\times0.025^2\right)}{\pi\times0.025}=0.027\ \text{m}$$

则

$$Re_o=\frac{d_eG_c}{\mu}=\frac{0.027\times82.3}{0.91\times10^{-3}}=2\,458.0$$

$$Pr=\frac{c_p\mu}{\lambda}=\frac{2\times10^3\times0.91\times10^{-3}}{0.18}=10.1$$

代入克恩公式：假设 $\left(\dfrac{\mu}{\mu_w}\right)^{0.14}=0.95$

$$\alpha_o=\frac{\lambda}{d_e}\cdot0.36Re^{0.55}Pr^{1/3}\left(\frac{\mu}{\mu_w}\right)^{0.14}=\frac{0.18}{0.027}\times0.36\times2\,458^{0.55}\times10.1^{1/3}\times0.95$$

$$=361.0\ \text{W/(m}^2\cdot\text{℃)}$$

3. 污垢系数

从表 4-7 可以查得：管内侧 $r_i=0.000\,171\,2\ \text{m}^2\cdot\text{℃/W}$

管外侧 $r_o=0.001\,72\ \text{m}^2\cdot\text{℃/W}$

另外，管子材质金属导热系数

$$\lambda=116.3\ \text{W/(m}\cdot\text{℃)}$$

4. 总传热系数 K

$$\frac{1}{K}=\frac{1}{\alpha_o}+r_o+\frac{t_s}{\lambda_w}\left(\frac{d_o}{d_m}\right)+r\frac{d_o}{d_i}+\frac{1}{\alpha_i}\cdot\frac{d_o}{d_i}$$

$$=\frac{1}{361.0}+0.001\,72+\frac{(0.025-0.020\,8)/2}{116.3}\times\frac{0.025}{(0.025+0.020\,8)/2}+0.000\,172\times\frac{0.025}{0.020\,8}+$$

$$\frac{1}{5\,119}\times\frac{0.025}{0.020\,8}=202.0\ \text{W/(m}^2\cdot\text{℃)}$$

与前面假设的 K 值(232.6)比较，应对假设的 K 值或结构参数进行修正后重新计算，直至比较吻合为止(此处省略)。

五、管壁温度 t_w

$$t_w = t_c + \frac{\alpha_o}{\alpha_i(d_i/d_o) + \alpha_o}(T_h - t_c) = 33.1 + \frac{361.0}{5119\left(\dfrac{0.020\,8}{0.025}\right) + 344.7} \times (71 - 33.1) = 36.07 \approx 36 \text{ ℃}$$

查 36 ℃下煤油黏度 $\mu_w = 1.45 \times 10^{-3}$ Pa·s，水的黏度 $\mu'_w = 71.24 \times 10^{-5}$ Pa·s，对壳侧：

$$\left(\frac{\mu}{\mu_w}\right)^{0.14} = \left(\frac{0.91 \times 10^{-3}}{1.45 \times 10^{-3}}\right)^{0.14} = 0.937$$

对管侧：

$$\left(\frac{\mu}{\mu_w}\right)^{0.14} = \left(\frac{75.23 \times 10^{-5}}{71.24 \times 10^{-5}}\right)^{0.14} = 1.00$$

所以计算管侧、壳侧 α 时假定的 $\dfrac{\mu}{\mu_w}$ 值是正确的。

六、压力损失计算

1. 壳程

用概算法得

$$\Delta p_t = 10.4 \times \frac{G_c^2 l}{q_c \rho} = 10.4 \times \frac{296\,296^2 \times 5}{1.27 \times 10^8 \times 825} = 43.57 \text{ kg/m}^2$$

2. 管程

从图 4-16 查得 $Re = 32\,763$ 时的摩擦阻力系数 $f_t = 0.007$。直管部分的压力损失：

$$\Delta p_t = \frac{4 f_t G_i^2 \ln t}{2 q_c \rho d_i} = \frac{4 \times 0.007 \times (4.26 \times 10^6)^2 \times 5 \times 6}{2 \times 1.27 \times 10^8 \times 10^3 \times 0.020\,8} \times 2\,885.4 \text{ kg/m}^2 = 28\,305 \text{ Pa}$$

管箱处方向改变引起的压力损失：

$$\Delta p_r = \frac{4 G_i^2 n_t}{2 q_c \rho} = \frac{4 \times (4.26 \times 10^6)^2 \times 6}{2 \times 1.27 \times 10^6 \times 10^3} = 1\,714.7 \text{ kg/m}^2 = 16\,821 \text{ Pa}$$

管侧压力损失之和 $\Delta p_p = \Delta p_t + \Delta p_r = 45\,126$ Pa

管侧、壳侧的压力损失均满足要求，该设计可行。

第 2 章   釜式再沸器

设计任务：某化工工艺流程中，通过加热方式使压力为 0.22 MPa（绝对压力）、温度 393 K 的塔釜液体沸腾，蒸发量为 5 641 kg/h，热源采用 13 500 kg/h 的乙二醇和醛类的混合蒸气冷凝，冷凝量为 13 100 kg/h，全部醛类和部分乙二醇气体引出，其质量流量为 400 kg/h，换热管进出口温度为 401～413 K，压力为 13.3～12.0 kPa。试设计一台釜式再沸器，完成上述传热任务。

一、物性数据确定

定性温度：

壳程：$\bar{t} = 393$ K

管程：$\bar{T} = \dfrac{T_i + T_o}{2} = \dfrac{401 + 413}{2} = 407$ K

根据定性温度，确定壳程釜液和管程热源的物性数据见附表 5-1：

附表 5-1　　　　　　　　　　　　冷、热流体物性数据表

壳程(393 K)		管程(407 K)	
临界压力 p_c/MPa	22.17	凝液定压热容 $c_{p,i}$/(kJ·kg^{-1}·K^{-1})	2.895 4
汽化热 r_b/(kJ·kg^{-1})	2 205.2	潜热 r_i/(kJ·kg^{-1})	950.6
蒸气导热系数 λ_V/(W·m^{-1}·K^{-1})	0.024 42	凝液导热系数 λ_i/(W·m^{-1}·K^{-1})	0.272 24
蒸气密度 ρ_V/(kg·m^{-3})	1.119	凝液密度 ρ_i/(kg·m^{-3})	991.42
蒸气黏度 μ_V/(mPa·s)	0.013 1	凝液黏度 μ_i/(mPa·s)	0.760 8
液相密度 ρ_L/(kg·m^{-3})	943.1	气相密度 ρ_{iV}/(kg·m^{-3})	0.259

二、设备尺寸初算

热流量

$$Q=q_m r_i=\frac{13\ 100.0}{3\ 600}\times 950.6\times 10^3=3\ 459\ 127.8\ \text{W}\approx 3\ 459.1\ \text{kW}$$

任务中为混合蒸气冷凝,平均温度差为

$$\Delta t_m=\frac{\Delta t_1-\Delta t_2}{\ln\frac{\Delta t_1}{\Delta t_2}}=\frac{(413-393)-(401-393)}{\ln\frac{413-393}{401-393}}=13.1\ \text{K}$$

取传热系数 $K=900$ W/(m^2·K),估算传热面积为

$$A_P=\frac{Q}{K\Delta t_m}=\frac{3\ 459\ 127.8}{900\times 13.1}=293.4\ \text{m}^2$$

传热管规格为 $\phi 25\times 2$ mm、管长 $l=6$ m,计算总传热管数 N_T,即

$$N_T=\frac{A_P}{\pi d_o l}=\frac{293.4}{3.14\times 0.025\times 6}=622.9\approx 623\quad 根$$

传热管按正三角形排列,传热管排列是一个正六边形,排在正六边形内的传热管数为

$$N_T=3a(a+1)+1$$

若设 b 为正六边形对角线上的传热管数目,a 为正六边形的边长,$b=2a+1$,得

$$a=14,\ b=29$$

管心距 $t=1.25d_o=1.25\times 25=31.25$ mm,取 32 mm=0.032 m

$$D_b=t(b-1)=32\times(29-1)=896\ \text{mm}=0.896\ \text{m}$$

$$u_{max}=\left(\frac{116}{\rho_V}\right)^{0.5}=\left(\frac{116}{1.119}\right)^{0.5}=10.2\ \text{m/s}$$

壳程釜液汽化体积流量为

$$V_s=\frac{Q}{1\ 000 r_b \rho_V}=\frac{3\ 459\ 127.8}{1\ 000\times 2\ 205.2\times 1.119}=1.4\ \text{m}^3/\text{s}$$

$$(A_堰)_{min}=\frac{V_s}{u_{max}}=\frac{1.4}{10.2}=0.14\ \text{m}^2$$

根据 $D_b=0.896$ m 和 $(A_堰)_{min}=0.14$ m^2,查釜式再沸器参数表可得,壳体直径为 $D=1\ 250$ mm=1.25 m。

三、传热面积计算

1.管内表面传热系数

$G_{L1}=0$

$$G_{L2}=\frac{q_{m,冷凝}}{\frac{\pi}{4}d_i^2 N_T}=\frac{13\ 100/3\ 600}{\frac{3.14}{4}\times 0.021^2\times 623}=16.87\ \text{kg/(m}^2\cdot\text{s)}$$

$$\bar{G}_L=\frac{G_{L1}+G_{L2}}{2}=\frac{0+16.87}{2}=8.435\ \text{kg/(m}^2\cdot\text{s)}$$

$$G_{V1} = \frac{q_{m,1}}{\frac{\pi}{4}d_i^2 N_T} = \frac{13\,500/3\,600}{\frac{3.14}{4} \times 0.021^2 \times 623} = 17.39 \text{ kg/(m}^2 \cdot \text{s)}$$

$$G_{V2} = \frac{q_{m,2}}{\frac{\pi}{4}d_i^2 N_T} = \frac{400/3\,600}{\frac{3.14}{4} \times 0.021^2 \times 623} = 0.515 \text{ kg/(m}^2 \cdot \text{s)}$$

$$\bar{G}_V = \frac{G_{V1}+G_{V2}}{2} = \frac{17.39+0.515}{2} = 8.953 \text{ kg/(m}^2 \cdot \text{s)}$$

$$G_e = \bar{G}_L + \bar{G}_V \left(\frac{\rho_{i,L}}{\rho_{i,V}}\right)^{0.5} = 8.435 + 8.953 \times \left(\frac{991.42}{0.259}\right)^{0.5} = 562.36 \text{ kg/(m}^2 \cdot \text{s)}$$

$$Re = \frac{d_i G_e}{\mu_i} = \frac{0.021 \times 562.36}{0.760\,8 \times 10^{-3}} = 15\,523(1000 < Re < 5 \times 10^4)$$

$$Pr = \frac{c_{p,i}\mu_i}{\lambda_i} = \frac{2.895\,4 \times 10^3 \times 0.760\,8 \times 10^{-3}}{0.272\,24} = 8.091\,5$$

$$\alpha_i = 5.03\frac{\lambda_i}{d_i}Re^{1/3}Pr^{1/3} = 5.03 \times \frac{0.272\,24}{0.021} \times 15\,523^{1/3} \times 8.091\,5^{1/3} = 3\,265.6 \text{ W/(m}^2 \cdot \text{K)}$$

2. 沸腾状态确定

设：管壁导热系数 $\lambda = 46 \text{ W/(m} \cdot \text{K)}$，污垢热阻 $R_{si} = 0.000\,05 \text{ m}^2 \cdot \text{K/W}$，$R_{so} = 0.000\,15 \text{ m}^2 \cdot \text{K/W}$

$$K' = \frac{1}{\frac{1}{\alpha_i}\frac{d_o}{d_i} + R_{si}\frac{d_o}{d_i} + \frac{b}{\lambda}\frac{d_o}{d_m} + R_{so}}$$

$$= \frac{1}{\frac{1}{3\,265.4} \times \frac{0.025}{0.021} + 0.000\,05 \times \frac{0.025}{0.021} + \frac{0.002}{46} \times \frac{0.025}{0.023} + 0.000\,15}$$

$$= 1\,609.4 \text{ W/(m}^2 \cdot \text{K)}$$

$$\Delta t'_m = \frac{Q}{K'A} = \frac{3\,459\,127.8}{1\,609.4 \times 293.4} = 7.33 \text{ K}$$

沸腾侧传热温度差： $\Delta t = \Delta t_m - \Delta t'_m = 13.1 - 7.33 = 5.77 \text{ K}$

对比压力： $R = \frac{P}{P_c} = \frac{0.22}{22.17} \approx 0.01$

查釜式再沸器临界温差图得，临界温差 $(\Delta t)_c = 32.2 \text{ K}$

由于 $\Delta t < (\Delta t)_c$，判断釜液为核状沸腾。

3. 管外核状沸腾表面传热系数

$$p_c = 22.17 \text{ MPa} = 22\,170.0 \text{ kPa} > 3\,000 \text{ kPa}$$

$$q = \frac{Q}{A_P} = \frac{3\,459\,127.8}{293.4} = 11\,789.8 \text{ W/m}^2$$

$$\alpha_o = 0.105\left(\frac{P_c}{9.81 \times 10^4}\right)^{0.69}(1.8R^{0.17} + 4R^{1.2} + 10R^{10})q^{0.7}$$

$$= 0.105 \times \left(\frac{22.17 \times 10^6}{9.81 \times 10^4}\right)^{0.69} \times (1.8 \times 0.01^{0.17} + 4 \times 0.01^{1.2} + 10 \times 0.01^{10}) \times (11\,789.8)^{0.7}$$

$$= 2\,625.2 \text{ W/(m}^2 \cdot \text{K)}$$

4. 总传热系数

$$K_o = \frac{1}{\frac{1}{K'} + \frac{1}{\alpha_o}} = \frac{1}{\frac{1}{1\,609.4} + \frac{1}{2\,625.2}} = 997.7 \text{ W/(m}^2 \cdot \text{K)}$$

5.传热面积计算

$$A_c = \frac{Q}{K_o \Delta t_m} = \frac{3\ 459\ 127.8}{997.7 \times 13.1} = 264.7\ \text{m}^2$$

四、换热器核算

1.换热面积裕度

$$H = \frac{A_P - A_c}{A_c} = \frac{293.4 - 264.7}{264.7} \times 100\% = 10.8\%$$

该换热器能够完成生产任务。

2.热流密度核算

$$\Phi = \frac{A_P}{144 D_b l} = \frac{293.4}{144 \times 0.896 \times 6} = 0.379$$

根据热通量参数 Φ 值,由釜式再沸器临界热流密度参数图,查得临界热流密度 q_c:

$$q_c = 3.5 \times 10^4\ \text{Btu}/(\text{ft}^2 \cdot \text{h}) = 110.407\ \text{kW/m}^2$$

实际热流密度　　　　$q_p = \dfrac{Q}{A_p} = \dfrac{3\ 459\ 127.8}{293.4} = 11.790\ \text{kW/m}^2 < q_c$

综上校核结果,所设计的釜式再沸器能够完成本换热生产任务。

第 3 章　　　管壳式冷凝器

设计任务:某化工生产需冷凝处理正戊烷,流量为 3×10^3 kg/h,冷凝温度 324.7 K,冷凝液于饱和温度下离开冷凝器。冷却介质为井水,流量 7×10^4 kg/h,进出口温度为 $305 \sim 309$ K,允许压降不大于 100 kPa。要求设计一台适宜的立式列管式冷凝器并进行核算。

一、物性数据确定

正戊烷(液体)定性温度: $\bar{T} = 324.7$ K

井水的定性温度: $\bar{t} = \dfrac{t_i + t_o}{2} = \dfrac{305 + 309}{2} = 307$ K

冷热流体在定性温度下的物性数据见附表 5-2。

附表 5-2　　　　　　　冷、热流体物性数据

正戊烷(324.7 K)		井水(307 K)	
密度 $\rho_o/(\text{kg} \cdot \text{m}^{-3})$	596	密度 $\rho_i/(\text{kg} \cdot \text{m}^{-3})$	993.7
定压热容 $c_{p,o}/(\text{kJ} \cdot \text{kg}^{-1} \cdot \text{K}^{-1})$	2.34	定压热容 $c_{p,i}/(\text{kJ} \cdot \text{kg}^{-1} \cdot \text{K}^{-1})$	4.174
导热系数 $\lambda_o/(\text{W} \cdot \text{m}^{-1} \cdot \text{K}^{-1})$	0.13	导热系数 $\lambda_i/(\text{W} \cdot \text{m}^{-1} \cdot \text{K}^{-1})$	0.627
黏度 $\mu_o/(\text{mPa} \cdot \text{s})$	0.18	黏度 $\mu_i/(\text{mPa} \cdot \text{s})$	0.717
汽化热 $r_o/(\text{kJ} \cdot \text{kg}^{-1} \cdot \text{K}^{-1})$	357.4		

二、设计方案初选

两流体的温差 $T - t_i = 324.7 - 305 = 19.7$ K < 50 K,可选用固定管板式冷凝器,且冷却水走管程,正戊烷走壳程,有利于正戊烷的散热和冷凝。

三、设备尺寸初算

1.热流量

$$Q = q_{m,1} r = \frac{3 \times 10^3}{3\ 600} \times 357.4 \times 10^3 = 297\ 833.3\ \text{W}$$

2. 有效平均传热温差

逆流传热温差： $\Delta t_{m,逆} = \dfrac{\Delta t_1 - \Delta t_2}{\ln \dfrac{\Delta t_1}{\Delta t_2}} = \dfrac{(324.7-305)-(324.7-309)}{\ln \dfrac{324.7-305}{324.7-309}} = 17.6 \text{ K}$

3. 选取经验传热系数 K 值

根据管程走井水，壳程走正戊烷，总传热系数 $K = 470 \sim 815 \text{ W/(m}^2 \cdot \text{K)}$，现暂取 $K = 500 \text{ W/(m}^2 \cdot \text{K)}$。

4. 换热面积估算

$$A_P = \frac{Q}{K \Delta t_{m,逆}} = \frac{297\ 833.3}{500 \times 17.6} = 33.84 \text{ m}^2$$

5. 初选换热器参数(附表 5-3)

附表 5-3　　　　　立式固定管板式换热器参数表

规格	公称直径 D/mm	公称换热面积 A/m²	管程数 N_p	管数 n	管长 l/m	管子直径 ϕ/mm	排列方式
参数	500	40	2	172	3.0	25×2.5	正三角形

换热器实际换热面积：

$$A_o = n \pi d_o l = 172 \times 3.14 \times 0.025 \times 3 = 40.51 \text{ m}^2$$

该换热器所要求的总传热系数：

$$K_o = \frac{Q}{A_o \Delta t_{m,逆}} = \frac{297\ 833.3}{40.51 \times 17.6} = 417.73 \text{ W/(m}^2 \cdot \text{K)}$$

四、传热面积计算

1. 管程对流传热系数

$$V_{si} = \frac{q_{m,i}}{\rho_i} = \frac{70\ 000/3\ 600}{993.7} = 0.019\ 6 \text{ m}^3\text{/s}$$

$$A_i = \left(\frac{n}{N_p}\right)\frac{\pi}{4}d_i^2 = \frac{172}{2} \times \frac{3.14}{4} \times 0.020^2 = 0.027 \text{ m}^2$$

$$u_i = \frac{V_{si}}{A_i} = \frac{0.0196}{0.027} = 0.726 \text{ m/s}$$

$$Re_i = \frac{d_i u_i \rho_i}{\mu_i} = \frac{0.020 \times 0.726 \times 993.7}{0.717 \times 10^{-3}} = 20\ 123 > 10^5 \text{（湍流）}$$

$$Pr_i = \frac{c_{p,i}\mu_i}{\lambda_i} = \frac{4.174 \times 10^3 \times 0.717 \times 10^{-3}}{0.627} = 4.773$$

$$\alpha_i = 0.023 \frac{\lambda_i}{d_i} Re_i^{0.8} Pr_i^{0.4} = 0.023 \times \frac{0.627}{0.020} \times (20\ 123)^{0.8} \times (4.773)^{0.4} = 3\ 736 \text{ W/(m}^2 \cdot \text{K)}$$

2. 壳程对流传热系数

因为立式管壳式换热器，壳程为正戊烷饱和蒸汽冷凝为饱和液体后离开换热器，故壳程对流传热系数可按蒸汽在垂直管外冷凝的计算公式计算。

$$\alpha_o = 1.13\left(\frac{g\rho_o^2 \lambda_o^3 r_o}{\mu_o l \Delta t}\right)^{0.25}$$

现假设管外壁温 $t_w = 313 \text{ K}$，则冷凝液膜的平均温度为

$$\frac{t_s + t_w}{2} = \frac{324.7 + 313}{2} = 318.85 \text{ K}$$

这与其饱和温度很接近，故在平均膜温 318.85 K 下的物性可沿用饱和温度 324.7 K 下的数据，在层流下，

$$\alpha_o = 1.13 \times \left(\frac{9.81 \times 596^2 \times 0.13^3 \times 357.4 \times 10^3}{0.18 \times 10^{-3} \times 3 \times (324.7 - 313)} \right)^{0.25} = 917 \ \text{W/(m}^2 \cdot \text{K)}$$

3. 总传热系数

设:管壁的导热系数 $\lambda = 45 \ \text{W/(m} \cdot \text{K)}$,污垢热阻: $R_{si} = 2.0 \times 10^{-4} \ \text{m}^2 \cdot \text{K/W}$(井水), $R_{so} = 1.72 \times 10^{-4} \ \text{m}^2 \cdot \text{K/W}$(有机液体),则

$$K'_o = \cfrac{1}{\cfrac{1}{\alpha_i}\cfrac{d_o}{d_i} + R_{si}\cfrac{d_o}{d_i} + \cfrac{b}{\lambda_w}\cfrac{d_o}{d_m} + R_{so} + \cfrac{1}{\alpha_o}}$$

$$= \cfrac{1}{\cfrac{1}{3\,736} \times \cfrac{0.025}{0.020} + 2.0 \times 10^{-4} \times \cfrac{0.025}{0.020} + \cfrac{0.002\,5}{45} \times \cfrac{0.025}{0.022\,5} + 1.72 \times 10^{-4} + \cfrac{1}{917}}$$

$$= 524 \ \text{W/(m}^2 \cdot \text{℃)}$$

4. 传热面积计算

$$A_c = \frac{Q}{K'_o \Delta t_m} = \frac{297\,833.3}{524 \times 17.6} = 32.29 \ \text{m}^2$$

五、换热器核算

1. 换热面积裕度

$$H = \frac{A_o - A_c}{A_c} = \frac{40.51 - 32.29}{32.29} = 25.5\%$$

表明该换热器的传热面积裕度符合要求。

2. 壁温核算

核算壁温时,一般忽略管壁热阻,按以下近似计算公式计算:

$$\frac{T - t'_w}{\frac{1}{\alpha_o} + R_{so}} = \frac{t'_w - t}{\frac{1}{\alpha_i} + R_{si}} \Rightarrow \frac{324.7 - t'_w}{\frac{1}{917} + 1.72 \times 10^{-4}} = \frac{t'_w - 309}{\frac{1}{3\,736} + 2.0 \times 10^{-4}}$$

$t'_w = 313.2 \ \text{K} \approx t_w$,与假设壁温基本相等。

3. 冷凝液流型核算

冷凝负荷

$$M = \frac{q_m}{b} = \frac{\cfrac{3 \times 10^3 / 3\,600}{3.14 \times 0.025}}{172} = 0.061\,7 \ \text{kg/(m} \cdot \text{s)}$$

$$Re = \frac{4M}{\mu_o} = \frac{4 \times 0.061\,7}{0.18 \times 10^{-3}} = 1\,371 < 1\,800(\text{层流})$$

冷凝液流型符合层流假设。

4. 压强降核算

(1)管程压降

$$\sum \Delta p_i = (\Delta p_1 + \Delta p_2) F_t N_p N_s$$

对 $\phi 25 \times 2.5 \ \text{mm}$ 的管子,结垢校正系数 $F_t = 1.4$,管程数 $N_p = 2$,壳程数 $N_s = 1$。

取碳钢的管壁粗糙度为 $0.1 \ \text{mm}$,则 $\varepsilon/d = 0.005$,局部阻力系数 $\zeta = 3$,而 $Re_i = 20\,123$,于是

$$\lambda = 0.1 \left(\frac{\varepsilon}{d} + \frac{68}{Re_i} \right)^{0.23} = 0.1 \times \left(\frac{0.000\,1}{0.020} + \frac{68}{20\,123} \right)^{0.23} = 0.033$$

$$\Delta p_1 = \lambda \frac{l}{d} \frac{\rho_i u_i^2}{2} = 0.033 \times \frac{3}{0.020} \times \frac{993.7 \times 0.726^2}{2} = 1\,296 \ \text{Pa}$$

$$\Delta p_2 = \zeta \frac{\rho_i u_i^2}{2} = 3 \times \frac{993.7 \times 0.726^2}{2} = 786 \text{ Pa}$$

$$\sum \Delta p_i = (\Delta p_1 + \Delta p_2) F_t N_p N_s = (1\,296 + 786) \times 1.4 \times 2 \times 1 = 5\,830 \text{ Pa} \approx 5.8 \text{ kPa} < 100 \text{ kPa}$$

(2)壳程压降

壳程为恒温恒压蒸汽冷凝,可忽略压降。

综上校核结果,所设计的立式管壳式冷凝器能够完成本换热生产任务。